Los chakras

Laura Tuan

LOS CHAKRAS

dve
PUBLISHING

© Editorial De Vecchi, S. A. 2019
© [2019] Confidential Concepts International Ltd., Ireland
Subsidiary company of Confidential Concepts Inc, USA
ISBN: 978-1-64461-981-0

Índice

Introducción

Ruedas, remolinos, nudos energéticos invisibles, y aun así esenciales, los chakras mayores —siete, como los planetas conocidos por los observadores del cielo de la Antigüedad— son otros tantos mundos por descubrir, cada cual en correspondencia con una nota, un color, un perfume o un cristal.

Si el imperativo que guía la vida de todo los seres humanos es el conocimiento de uno mismo, descuidar nuestro lado sutil, el componente energético, sería un error imperdonable. Y es que, además de carne, sangre y tejidos, estamos compuestos por una materia sutil pero evidente. La energía nos mantiene vivos, preside todas nuestras funciones vitales y asegura un intercambio activo y constante entre el yo y el Todo, el hombre y el universo en el que está inmerso.

En este sentido, los siete chakras, elementos fundamentales del esoterismo hindú, se presentan como los lugares privilegiados en los que se produce esta interacción. Se trata de los mismos puntos que el pensamiento occidental, más racional y atento a la materia, identifica con los plexos.

Sin embargo, no basta con esclarecer la existencia de los chakras y describirlos y examinarlos desde una perspectiva filosófica, mitológica y ocultista. La energía es parte integrante de la vida y, como tal, debe utilizarse al máximo y mantenerse con ejercicios apropiados y vocalizaciones adecuadas, con los colores y perfumes idóneos y con los alimentos correctos.

Cada cual, a través del examen de cada uno de los chakras, podrá descubrir qué fase de la vida está atravesando, las carencias y los puntos fuertes de su carácter, los órganos y funciones más débiles e incluso las preferencias en cuanto a comida, música, ambientes o actividades. No se trata de cambiar radicalmente nuestro sistema de vida, sino más bien adecuarlo gradualmente tanto a las condiciones de los chakras como a las necesidades del momento.

Este libro se propone, ante todo, proporcionar un apoyo práctico, una guía para conectar con nuestra propia longitud de onda y utilizar de la forma más correcta la corriente energética en la que la naturaleza nos ha sumergido, en perfecta sintonía con nosotros mismos, los demás seres y el cosmos.

Primera parte

EL SER Y EL DEVENIR

La materia y la energía

«Nada se crea ni se destruye, sino que se transforma.» Esto es lo que afirmaban los filósofos griegos, a propósito del eterno fluir de las cosas, que los sabios hinduistas identificaron por su parte con el *samsara*, el ciclo del devenir.

Según las leyes de la física, la energía nunca desaparece, sino que simplemente se transforma. Tras la apariencia material de nuestro cuerpo físico, que hay quien considera erróneamente como la única realidad, existe todo un conjunto energético sin el cual ni siquiera habría vida, formado por tres estructuras distintas: los *cuerpos sutiles*, los nadi y los chakras.

No por casualidad, el número tres está siempre presente en todo lo que respecta a lo divino. Basta pensar en las tríadas divinas: Vishnú, Brahma y Shiva, en el hinduismo; Padre, Hijo y Espíritu Santo en el cristianismo; Osiris, Isis y Horus en la religión egipcia; por no hablar del hombre mismo, que es al mismo tiempo espíritu, mente y cuerpo.

Por lo tanto, tres son los elementos que se manifiestan a partir de la unidad primordial; y, para los hindúes, tres son las cualidades *(guna)* de la sustancia: *tamas* (oscuridad, inercia), *rajas* (movimiento) y *sattva* (equilibrio, luminosidad).

De su combinación, uniéndose de dos en dos, se derivan las cuatro posibilidades, los elementos cósmicos griegos: agua, tierra, aire y fuego, de un total de siete; o sería mejor decir seis más uno, porque, combinando las tres guna (tamas, rajas y sattva) en todas las parejas posibles (sattva y rajas, sattva y tamas, rajas y tamas), alcanzaríamos la cifra de seis, que eran —dicho sea entre paréntesis— los sistemas filosóficos de la India antigua y los planetas del sistema solar conocidos en la Antigüedad, si excluimos la Tierra, que es desde donde los observamos.

Así pues, seis son los chakras principales del hombre común: Muladhara, Svadhishthana, Manipura, Anahata, Vishuddha y Ajna, puesto que el séptimo, Sahasrara, pertenece al iluminado que ha trascendido la condición humana. Para obtener la séptima combinación, hay que salirse del esquema de los emparejamientos de las guna y proceder a la unión de los tres (tamas y rajas y sattva).

En el hombre, las dos energías, masculina y femenina, yang y yin, de cuya interacción se originó la vida, se polarizan, mediante diversos cruces, a lo largo de la columna. En la práctica, somos grandes imanes vivientes de cuatro polos, sensibles a todas las leyes físicas de la electricidad y del magnetismo, formados por dos polaridades horizontales, yin y yang, y dos verticales: la más alta y espiritualizada se encuentra en la cúspide del cráneo y la más baja y densa en la base de la espina dorsal. Entre estos dos polos, caracterizados por un potencial y, en consecuencia, por un voltaje distinto, se sitúan todos los estadios intermedios, como las notas de una escala musical, donde las notas más bajas se deben a una vibración lenta y las más agudas a un movimiento vibratorio rapidísimo.

En la práctica, estamos atravesados por un flujo continuo, por una corriente eléctrica positiva y negativa en cuyas intersecciones, a lo largo del eje vertical de la columna, la energía forma unos remolinos que giran en el sentido de las agujas del reloj y al contrario en función de su polaridad. Cuando la corriente positiva que fluye de un lado del cuerpo se cruza con la negativa, como es dominante, desplaza el remolino en su dirección. Esta es la razón por la que todo remolino parece girar en sentido contrario respecto al anterior y al posterior. Naturalmente, no se trata de corrientes continuas sino alternas, muy parecidas al flujo energético generado por la rotación de la Tierra, hacia el Sol entre mediodía y medianoche, y en dirección opuesta entre medianoche y mediodía.

Es la respiración del cosmos, que alterna rítmicamente los ciclos nocturnos y diurnos, al igual que el hombre alterna inconscientemente el predominio de uno u otro orificio nasal durante el acto respiratorio. En la fase de inspiración, la energía sube hacia arriba, y al espirar vuelve a concentrarse hacia abajo. De este modo, al respirar con el orificio nasal izquierdo prevalece la experiencia de la percepción, mientras que al respirar con el derecho prevalece la de la acción. Los hindúes simbolizan este complejo sistema energético con la imagen de Meru Danda, el equivalente oriental del caduceo de Mercurio, la vara a lo largo de la cual se retuercen las dos energías serpentinas.

Sin embargo, y como enseña la alquimia, en realidad nada permanece inmutable, sino que todo puede ser transformado, al modificar simplemente su ritmo vibratorio, del más burdo al más sutil, del emblemático plomo al oro purísimo. Y, por lo demás, como afirma Einstein, ¿qué es la materia, sino un pensamiento vibrante a velocidades inferiores? Es la argucia

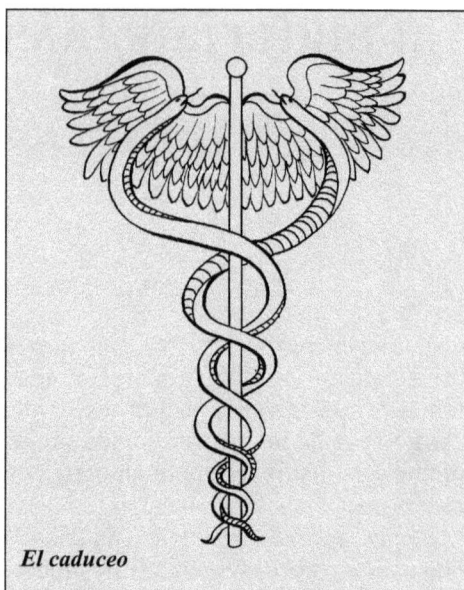

El caduceo

del mago, antigua como el mundo: materializar objetos, ralentizando la velocidad vibratoria de la energía del pensamiento, o desmaterializarlos, aumentándola.

Toda manifestación de la realidad, que puede resumirse en una de las cuatro categorías, temperamentos, humores o *tattva* (en sánscrito, «esencia de lo que es»), no es más que energía vital que opera a ritmos distintos: así, la diferencia entre los elementos se debe únicamente a una velocidad de vibración diferente.

Basta con pensar en la *tierra*, sólida, visible, tangible e inerte (es decir, incapaz de pasar a un estado distinto), para imaginar la lentitud vibratoria de sus partículas atómicas. Después viene el *agua*, un poco más rápida desde una perspectiva vibratoria, como demuestra su falta de forma, su capacidad de adaptarse a cualquier recipiente y, al calentarse, pasar al estado gaseoso, sin dejar de ser visible y tangible. Después, el *fuego*, que no se toca pero se ve y se siente; y, por último, el *aire*, real aunque intangible e invisible. Sabemos que existe, porque si nos faltara moriríamos asfixiados,

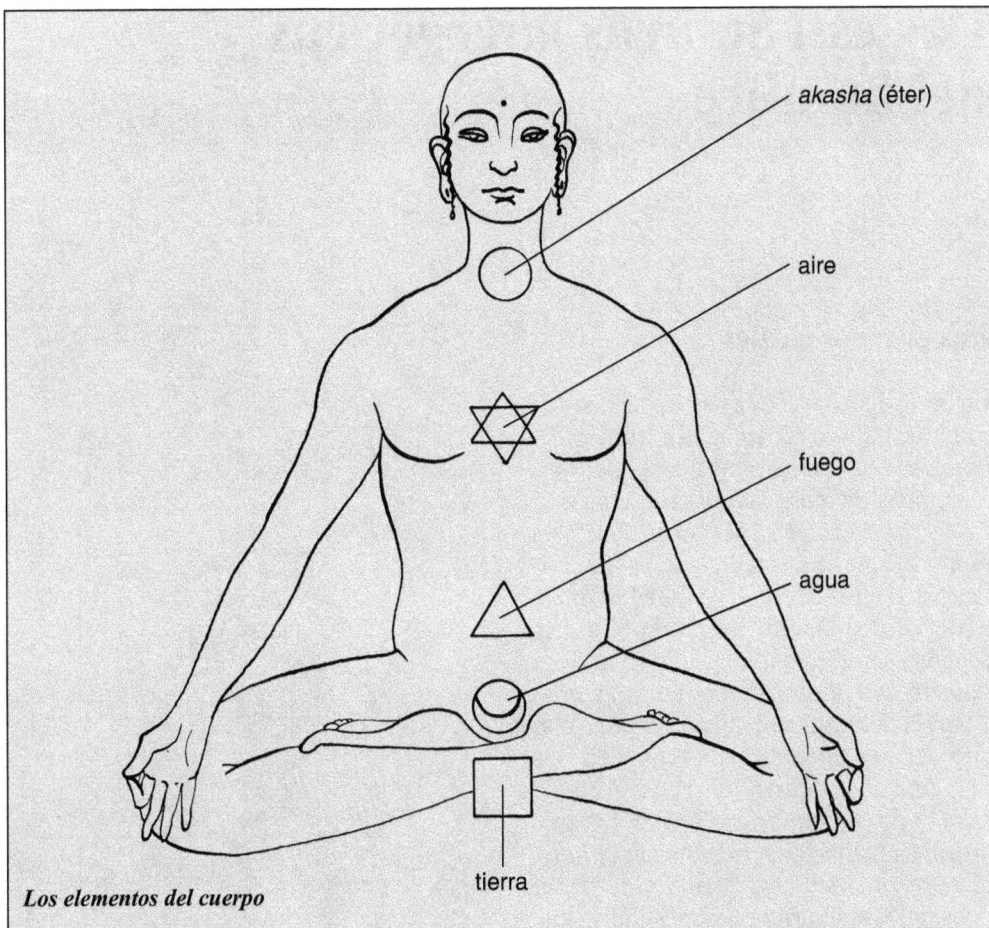

akasha (éter)

aire

fuego

agua

tierra

Los elementos del cuerpo

pero no lo podemos ver, sopesar, ni mucho menos apretar entre los dedos.

El fluir de los tattva y el predominio temporal de uno sobre otro se manifiestan en el cielo a través de las energías planetarias y zodiacales que se suceden en la tierra mediante los ciclos estacionales. Al igual que los animales, las plantas y las aguas, el cuerpo del hombre tiene sus estaciones. No es por casualidad que como enseña la medicina ayurvédica,[1] en primavera predomine el aire, el Vata, unido a la respiración, el verano sea la estación de la bilis, Pitta, y el otoño y el invierno, húmedos y fríos, la de la flema, Kapha. En este sistema de pensamiento nada es bueno o malo, ni un elemento vale más que otro, ni hay un color, una nota o un planeta mejor, porque toda la energía tiene un sentido preciso en el todo; a condición de que se manifieste sin estridencias, en sintonía con el resto.

Atender a los ritmos del cielo y de la tierra, escritos en los astros y en las estaciones, es el primer deber de quien aspira a emprender un camino, en armonía con el cosmos y los demás seres.

1. Si desea profundizar más en el tema, puede consultar *Salud y longevidad con la medicina ayurvédica*, de G. Suryanara, publicado por esta misma editorial.

Las estructuras energéticas del hombre

Los cuerpos sutiles

En la Antigüedad, los egipcios se dedicaron al estudio de los cuerpos sutiles del hombre, contenidos uno dentro del otro —como si de muñecas rusas se tratase— de forma cada vez más sutil. Hasta el punto de que, conscientes de la supervivencia de los elementos sutiles en la materia, dispusieron un complejo arte funerario en el que lo más importante era el acto del embalsamamiento. Como después demostraron las minuciosas clasificaciones de la escuela teosófica, los egipcios distinguían el cuerpo físico *(Khat)* de su sombra *(Kha)*, a los que añadían el alma *(Ba)*, el intelecto *(Khu)* y el corazón *(Ab)*. De forma similar, el pensamiento tántrico, además del físico, reconocía un cuerpo etérico, uno astral, uno mental y otro espiritual.

El cuerpo etérico

Completamente similar en forma y dimensiones al físico, es la fuente del que este extrae la energía vital, procedente del sol, y todas las sensaciones físicas que retransmite a través de los nadi y los chakras. Una vez satisfecha la necesidad energética del organismo, elimina los excesos en unos flujos de unos dos centímetros que constituyen el aura etérica, fotografiada por primera vez por el matrimonio Kirlian en los años treinta.

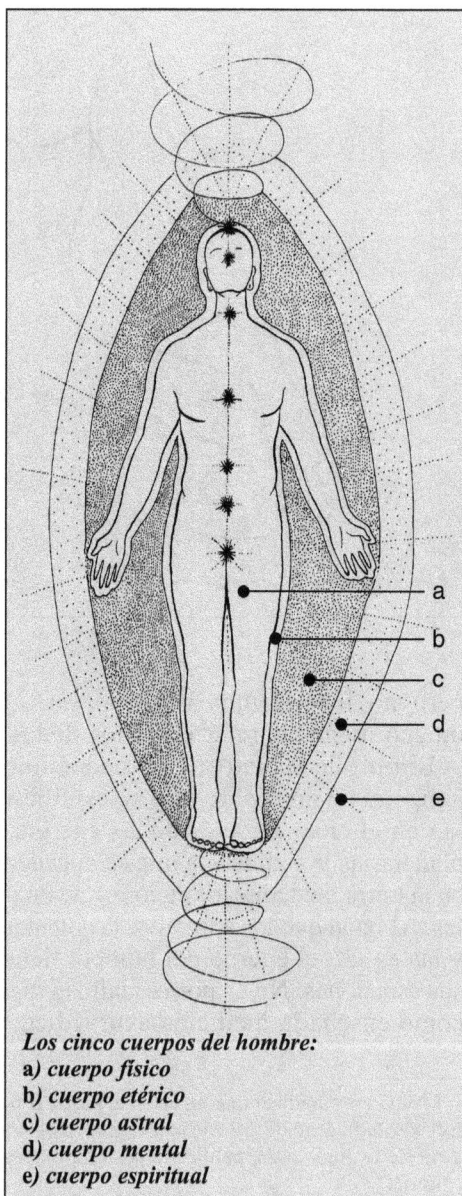

Los cinco cuerpos del hombre:
a) *cuerpo físico*
b) *cuerpo etérico*
c) *cuerpo astral*
d) *cuerpo mental*
e) *cuerpo espiritual*

El aura ejerce sobre el físico una acción protectora, impidiendo que la agredan los agentes patógenos y rechazando la negatividad enviada voluntariamente por algún operador de lo oculto. Sin embargo, cuando, a causa del estrés, una dieta inadecuada o pensamientos y emociones negativas, estos filamentos se curvan y enredan hasta ocasionar grietas en el tejido áurico, la enfermedad y la negatividad logran atravesar las barreras protectoras, instalándose en el cuerpo, mientras que la pérdida de la fuerza vital, como el agua a través de una grieta, hace descender el nivel energético y vibratorio de manera en ocasiones preocupante.

Pero aún es posible intervenir gracias al efecto terapéutico del pensamiento positivo, capaz de reparar las fisuras y restablecer el tono energético. Además, dado que la radiación de las plantas está muy próxima a la del cuerpo etérico (de ahí la eficacia de los preparados terapéuticos de las herboristerías), podrán obtenerse pequeños milagros energéticos simplemente caminando con los pies descalzos sobre la hierba o sentándose con la espalda apoyada sobre un tronco.

El cuerpo astral

Es la sede de los sentimientos, las emociones y los rasgos del carácter. Su aura es ovoidal, que puede llegar a superar incluso varios metros el cuerpo físico: se cuenta que el aura de Buda se extendía a lo largo de casi cuatro kilómetros.

Además de los constantes cambios de carácter, detectables como colores estables y predominantes, el cuerpo astral registra las emociones más fugaces.

La mayor parte de los bloqueos emotivos, que arrastramos desde vidas anteriores y con los que nos vemos obligados a enfrentarnos, se alojan, en el cuerpo astral, en la zona del plexo solar.

El cuerpo mental

Todo pensamiento, idea o percepción intuitiva se deriva del cuerpo mental. Se trata de un óvalo de materia cada vez más sutil, de un color blanco lechoso en los seres poco evolucionados, y más intenso y luminoso a menudo que el nivel de conciencia tiende a aumentar.

El cuerpo espiritual

De todos los cuerpos energéticos, es el que presenta una frecuencia vibratoria más elevada. En los seres poco evolucionados, se encuentra a una distancia de un metro, más o menos, del cuerpo físico, mientras que en quienes han «despertado» puede extenderse hasta varios miles, adoptando la forma de un círculo perfecto. Gracias a él podemos experimentar una sensación de comunión con los demás seres, con la naturaleza y con todo el universo. Nos permite sentir la presencia de lo divino dentro y fuera de nosotros, permitiéndonos participar de su designio, del que somos un fragmento significativo. Es la chispa divina presente en nosotros, destinada a acompañarnos a lo largo de todo el trayecto evolutivo a través de la rueda de los renacimientos.

Cada uno de estos cuerpos, del más denso al más sutil y puro, posee unas características y frecuencias vibratorias propias. El etérico, al estar más cerca del físico, vibra a una frecuencia más baja; le siguen el astral y el mental, cada vez más sutiles y rápidos, hasta llegar al cuerpo espiritual, el menos denso y elevado.

Pero tampoco aquí hay nada inmutable; el estado energético de los cuerpos sutiles puede variar, así como su extensión, calidad y luminosidad. Si los pensamientos negativos, la ansiedad, los miedos, los contactos con personas y ambientes de baja calidad energética influyen negativamente en el estado de los cuerpos sutiles, del mismo modo que el desarrollo espiritual del ser, mediante la práctica de las *asana*, los *mantra*, la meditación o gracias al contacto con personas y lugares elevados, modifica positivamente su frecuencia.

Los nadi

En este sistema energético, parecido a una llanura regada por una red de cursos de agua, los *nadi* (en sánscrito, «vena» o «canal») forman una especie de red de canales de conexión. Su función es la de transportar el *prana*, la energía vital que los chinos denominan *qi* y los japoneses *ki*, a través de las diversas estructuras sutiles del hombre.

Los *nadi* de cada cuerpo energético están conectados con los del cuerpo energético inmediato: el etérico con el astral, el astral con el mental, etc. Por ello, con la muerte del físico sus contrarréplicas inmateriales, impregnadas también de energía vital de frecuencias cada vez más sutiles, tardan más tiempo en disolverse: tres días el etérico, tres meses por lo menos el astral y varios años los otros dos.

De los setenta y dos mil *nadi* legados por la tradición, tres revisten una importancia fundamental. Se trata del canal central Sushumna, en torno al cual, una vez alcanzado el equilibrio energético, se entrelazan las dos polaridades laterales: Ida, la energía femenina, nocturna, húmeda, lunar, yin, y Pingala, la energía masculina, diurna, seca, caliente, solar, yang, que vuelven a subir, con un itinerario curvilíneo parecido al de las serpientes enroscadas alrededor del caduceo de Mercurio, para empezar de nuevo desde el primer chakra, Muladhara, hasta los orificios nasales, donde reciben el alimento pránico a través de la respiración.

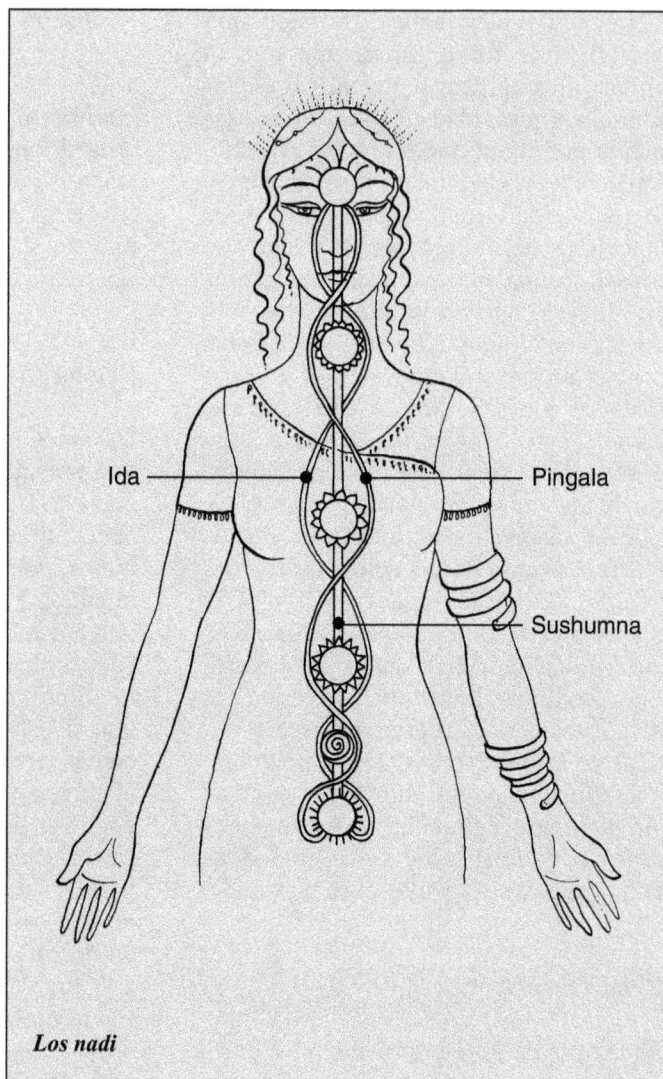

Ida

Pingala

Sushumna

Los nadi

Pongamos el ejemplo del péndulo. En movimiento, oscila de un lado a otro, vibrando entre los dos polos horizontales, el derecho y el izquierdo. Por otra parte, dado que también posee una polaridad vertical, la energía se transmite desde el eje hacia abajo. Aun así, basta con que el movimiento se detenga para que los dos polos horizontales, derecho e izquierdo, se anulen, de modo que la energía enviada hacia abajo se vea obligada a volver ascendiendo a lo largo del péndulo. Esto es lo que ocurre en el sistema energético de los tres nadi. Al alcanzar Ida y Pingala el estado de equilibrio, la energía sutil Kundalini asciende a lo largo del eje central hasta alcanzar el chakra superior, Sahasrara, la puerta hacia el Absoluto del que procedemos.

Los chakras

En los textos más antiguos se mencionan ochenta mil, lo que significa que no existe la menor partícula de nuestro cuerpo que no funcione como un órgano de recepción, transformación y transmisión de la energía sutil. La mayoría de estos chakras tienen unas dimensiones reducidísimas; los más importantes, unos cuarenta, están concentrados en la zona del cuello, del bazo, en las palmas de las manos y en las plantas de los pies (sobre los que se practica una forma de masaje llamada *reflexología*).

Los chakras principales, situados en el cuerpo etérico a lo largo del eje de la columna vertebral, desde el sacro hasta la cúspide del cráneo, y dotados de una función vital muy importante para el cuerpo, la mente y el espíritu, son siete, como las notas musicales, los días de la semana y los planetas de la astrología antigua.

En sánscrito, *chakra* significa *rueda*, es decir, remolino de energía. De todos modos, este concepto no sólo se encuentra en la tradición hindú: también hablaron de él los egipcios —según los cuales la apertura del centro del bazo comportaría un gran peligro para los no iniciados—, así como los indios Hopi, que

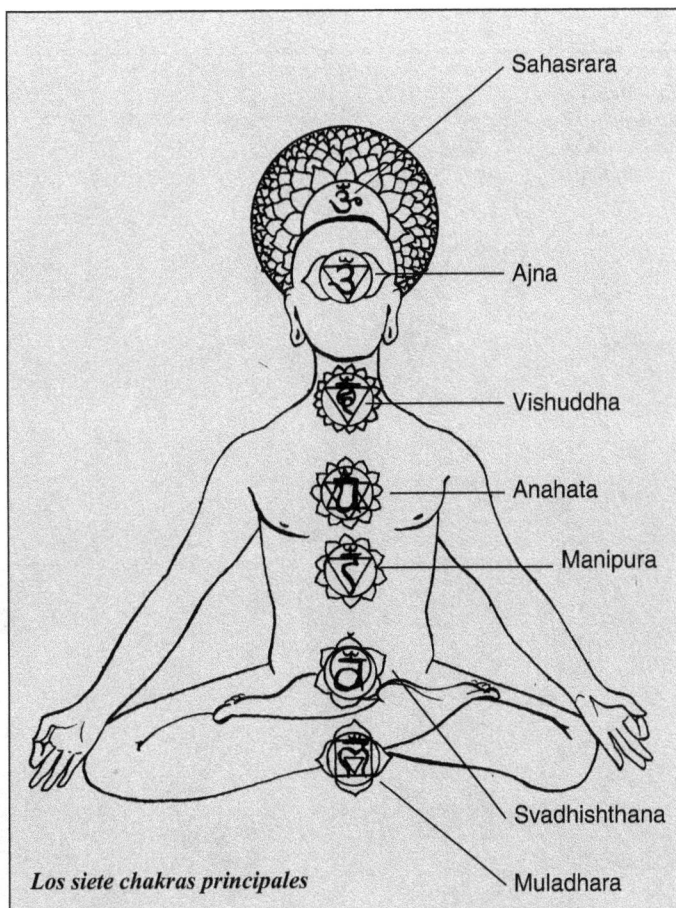

Los siete chakras principales

reconocían en el cuerpo la presencia de cinco centros energéticos. Los chinos los identificaban con los puntos de intersección de los meridianos, esos canales invisibles de energía que estimulan mediante la acupuntura o calientan con los cigarros incandescentes de la *moxa*.

Además de su forma circular o en embudo los chakras presentan también un movimiento arremolinado que rehúye el ojo físico pero que se percibe fácilmente a través de los sentidos sutiles: la rotación se produce en el sentido de las agujas del reloj o en el contrario según la polaridad de los chakras (el primero, el tercero, el quinto y el séptimo son masculinos; el segundo, el cuarto y el sexto, femeninos) y del sexo: en el hombre, el masculino gira hacia la derecha y el femenino hacia la izquierda; en la mujer, el masculino se mueve hacia la izquierda y el femenino hacia la derecha. Parecidos a las flores de loto giratorias, que acaban de brotar o ya lo han hecho, nos los describen los videntes expertos en la lectura del aura y del estado energético de los cuerpos sutiles. A decir verdad, más que a las flores abiertas, en el hombre común los chakras se parecen a embudos más bien estrechos, provistos de un número variable de pétalos determinado por los nadi que se adhieren a ellos. Según otros, los pétalos, o si se prefiere los radios de la rueda, son sólo ilusiones ópticas debidas a la velocidad vibratoria de los remolinos: a una veloci-

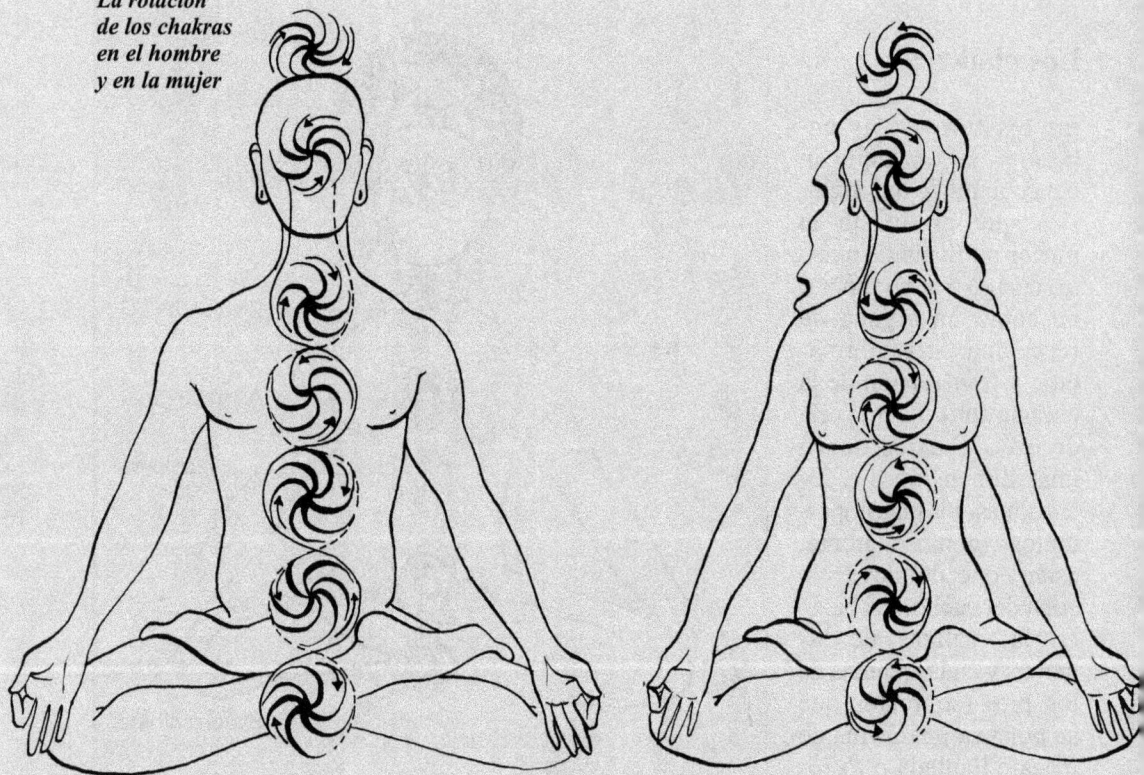

La rotación de los chakras en el hombre y en la mujer

dad baja le corresponden pocos pétalos, por ejemplo los cuatro de Muladhara y los seis de Svadhishthana, pero en las frecuencias altísimas de Sahasrara, la corona luminosa situada en la cúspide del cráneo, se reflejan mil pétalos, un número que en el simbolismo hindú equivale al infinito.

Lo mismo hay que decir en cuanto a los colores que irradian, que dependen exclusivamente de la velocidad de rotación: los tonos cálidos (marrón, rojo, naranja) corresponden a las velocidades bajas, mientras que los tonos fríos (verde, índigo, violeta) están asociados con las velocidades altas. La «línea fronteriza» está representada por el amarillo que, en consonancia con el chakra intermedio Manipura, constituye el punto de equilibrio.

Siempre de acuerdo con las descripciones de los videntes, en la zona más interna de cada chakra hay un conducto en forma de tallo que lo conecta con el canal energético principal, Sushumna.

En la mayoría de las personas, los chakras se extienden a unos diez centímetros del punto de origen, y cada uno posee toda una gama de vibraciones cromáticas, aunque tiende a prevalecer el color específico. Por tanto, cada chakra tiene un color propio así como un sonido al que es más sensible respecto a los demás. Se trata, de nuevo, de una cuestión de resonancia y de armonía. Mirar un color u oír un sonido tiende a producir en el observador la vibración correspondiente. Lo similar atrae a lo similar, enuncia la primera de las leyes mágicas. No es extraño, pues, que el color rojo y la nota *do* atraigan al primer chakra, caracterizado por una vibración afín, mientras que el anaranjado y el *re* trabajan sobre el segundo, el amarillo y el *mi* sensibilizan el tercero, etcétera.

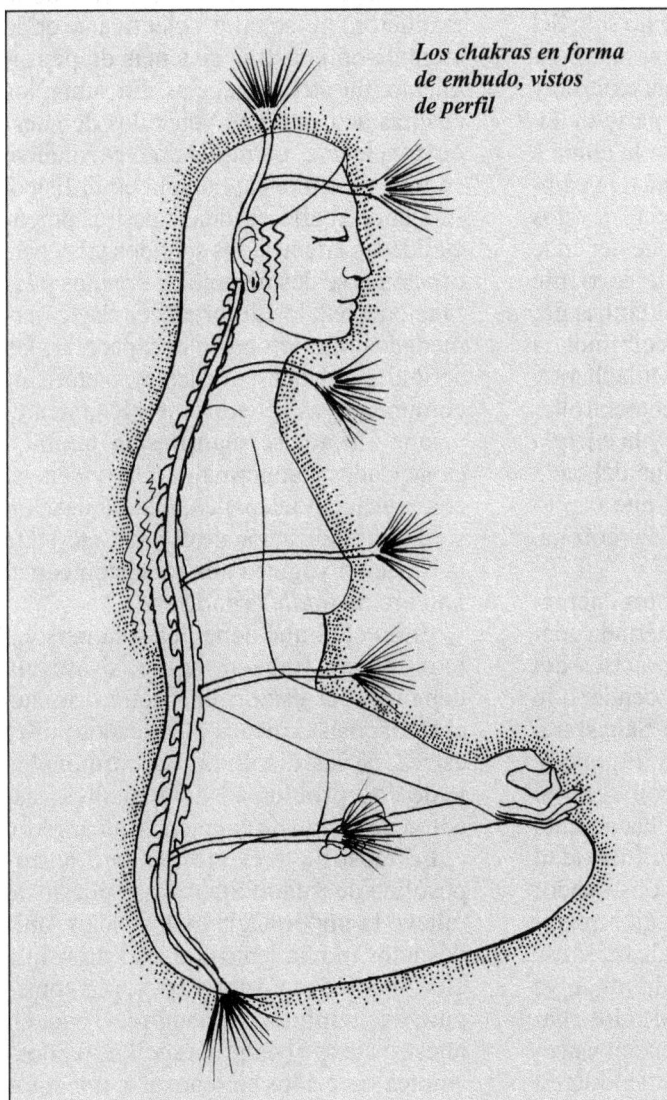

Los chakras en forma de embudo, vistos de perfil

Con el desarrollo espiritual, las dimensiones de los chakras tienden a aumentar y su frecuencia se ve acelerada, con la consiguiente impresión de pureza y luminosidad acrecentadas. En realidad, su tamaño y frecuencia no son más que el reflejo de la cantidad y la calidad de energía que logran absorber de distintas fuentes: las estrellas, el cielo, las plantas, las piedras, los perfumes, los colores, la música y las personas. Todas estas fuentes, incluidas las personas que asumen tareas terapéuticas, pueden por lo tanto dirigirse hacia la mejora no sólo del estado de salud de los chakras, sino también de la calidad del ambiente externo y de las personas que forman parte de él.

Todas las tradiciones, desde la china a la hindú, pasando por la céltica o la egipcia, reconocen la existencia de dos corrientes energéticas de las que depende la vida: la energía telúrica, la corriente femenina de la tierra —en el tantrismo, Shakti Kundalini— que recibimos a través del chakra de la raíz, Muladhara y alojamos, en forma de serpiente enrollada, en la base de la columna; y la energía cósmica, la corriente masculina del cielo —en el tantrismo, Shiva—, que captamos gracias al chakra de la corona, Sahasrara.

La unión de las dos corrientes energéticas se produce cuando, despertada adecuadamente a través de la práctica del yoga, Kundalini empieza a ascender a lo largo del canal central hasta Sahasrara, donde se encuentra con Shiva. Entonces, se enciende la chispa que convierte al practicante en un iluminado, haciéndolo plenamente consciente de la identidad entre el yo y el Todo, entre el observador y la cosa observada, en una unión mística e ilimitada. Pero antes de alcanzar ese punto, en su ascensión Kundalini se va adueñando poco a poco de todos los chakras que, reactivados, se expanden y aceleran sus frecuencias, transmitiéndolas a su vez a los diversos cuerpos sutiles.

En el plano físico, los chakras son auténticas áreas corporales, localizadas alrededor de los principales plexos; su actividad electromagnética permite diagnosticar y curar enfermedades debidas a *carencias* o, por el contrario, a *excesos* de energía. En el plano de los acontecimientos, por el contrario, se convierten en tipos de actividad, respuestas o relaciones con los otros, por ejemplo, el trabajo, la música o el amor. En la dimensión temporal representan los estadios de la evolución, personal o colectiva, y en la mental son nuestros sistemas de pensamiento, nuestras creencias. En suma, los chakras actúan como vehículos de nuestra conciencia, permitiéndole expandirse en todos los planos, no sólo en el físico. Así, pueden aflorar todas nuestras potencialidades latentes: los sentidos y las percepciones se despiertan, los órganos y las funciones vitales se fortalecen, las enfermedades remiten hasta desaparecer, las aptitudes artísticas, musicales, pictóricas, comunicativas se expresan plenamente; y, por último, se manifiestan también capacidades paranormales (clarividencia, comunicación telepática, materialización y desmaterialización de objetos, etc.) que la tradición yóguica nos ha legado con el nombre de *siddhi* («poderes»).

El nivel al que debe llegar la persona para poder trabajar sobre sí misma depende del estado energético de sus chakras, más o menos bloqueados por el estrés, de las disfunciones hormonales y de los problemas no resueltos, así como del grado de conciencia alcanzado.

La teosofía y el movimiento antroposófico de Rudolf Steiner han puesto de relieve la importancia de los ciclos, unidos a los movimientos de los astros, que afectan a toda la naturaleza y, por consiguiente, también al hombre. Todo en nuestro cuerpo (sangre, cabellos, tejidos) emplea siete años en renovarse por com-

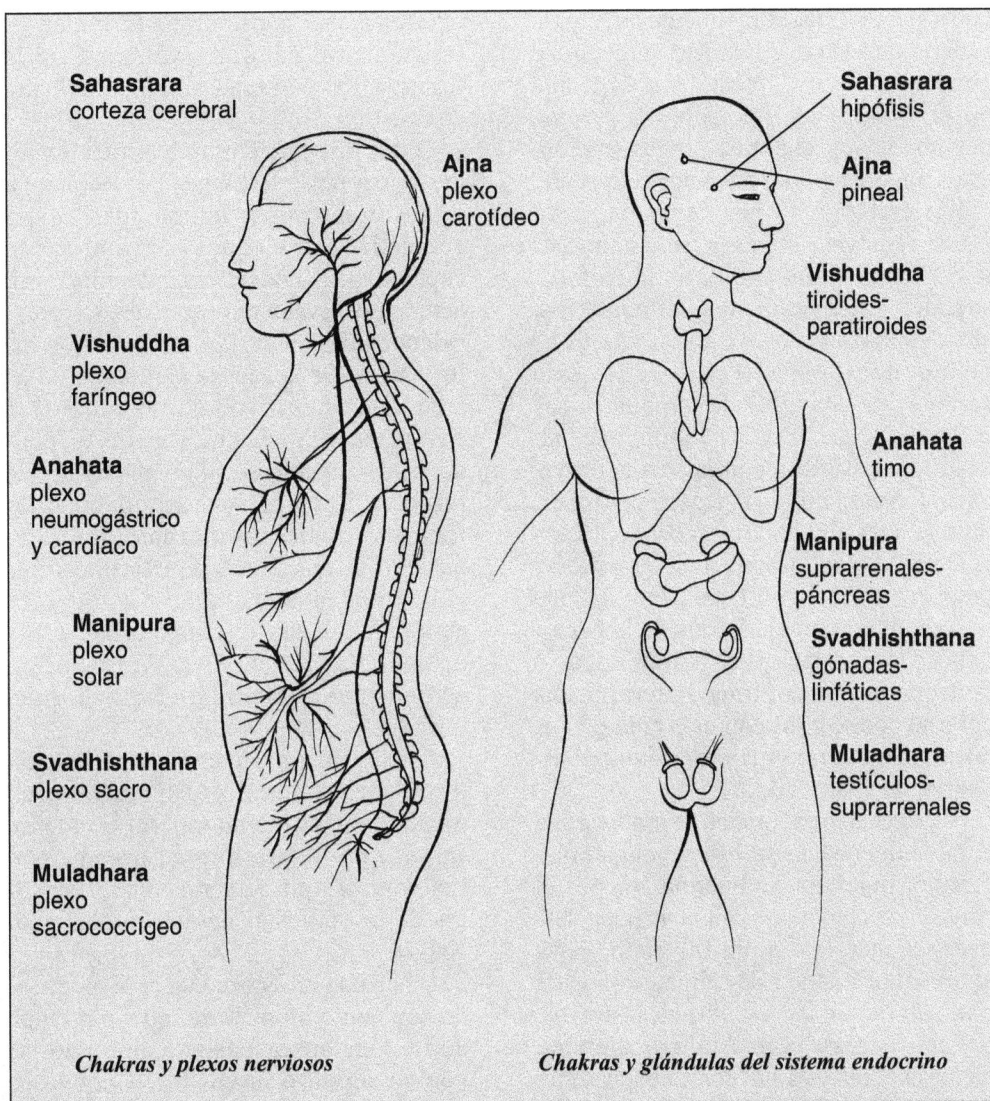

Sahasrara
corteza cerebral

Ajna
plexo
carotídeo

Vishuddha
plexo
faríngeo

Anahata
plexo
neumogástrico
y cardíaco

Manipura
plexo
solar

Svadhishthana
plexo sacro

Muladhara
plexo
sacrococcígeo

Sahasrara
hipófisis

Ajna
pineal

Vishuddha
tiroides-
paratiroides

Anahata
timo

Manipura
suprarrenales-
páncreas

Svadhishthana
gónadas-
linfáticas

Muladhara
testículos-
suprarrenales

Chakras y plexos nerviosos   *Chakras y glándulas del sistema endocrino*

pleto. Según la tradición, el periodo de mayor activación de cada chakra dura siete años por término medio (aunque este lapso de tiempo es variable para algunos chakras): de cero a siete Muladhara, de ocho a catorce Svadhishthana, de quince a veintiuno Manipura, etc.

Esto no significa que los siete tipos de energía no estén presentes todos al mismo tiempo. A los siete años, Muladhara no desaparece para ceder el paso a Sva-

dhishthana, ni a los catorce este se ve desplazado por Manipura. Cada chakra sigue ocupando su sitio preciso en el cuerpo, y desarrollando sus funciones físicas y psicológicas: lo más que cambia es la preeminencia, el orden interno. Y si un chakra no ha logrado desarrollarse correctamente a la edad que le correspondía, las etapas siguientes de la vida se resentirán de alguna carencia o desequilibrio al nivel de aquel chakra. Por lo tanto, para sentirnos realmente bien, para experimentar la maravillosa sensación de armonía, serenidad, bienestar y amor que es privilegio del iniciado, es preciso que todos los chakras, sin excepción, estén abiertos y funcionen perfectamente.

Sin embargo, y por desgracia, esto ocurre raramente en las personas corrientes: a causa de un conjunto de factores sociales, interpersonales, alimentarios, etc., algunos chakras se abren y otros se bloquean o permanecen parcialmente cerrados, en una gama de combinaciones infinita. Determinar las condiciones no es difícil: basta con confiarse a la observación. Sensaciones físicas, emociones, preferencias alimentarias, postura durante el sueño, deportes practicados, colores predilectos en el vestir, así como incluso la actitud, las características de la personalidad, las capacidades manifestadas o la tendencia a contraer determinadas enfermedades in- dican el estado y funcionamiento, armónico, excesivo o deficitario, de cada chakra.

Si el bloqueo energético se produce a la entrada del chakra su funcionalidad disminuirá por falta de energía; si, por el contrario, el bloqueo se sitúa un poco después, la energía seguirá fluyendo, pero, al no hallar una vía de salida, provocará una saturación de efectos desastrosos.

Para corregir el mal funcionamiento de los chakras, bastará con trabajar sobre los hábitos alimentarios y de vida. Entonces los propios alimentos, los perfumes, los colores, las piedras, la música, los deportes que nos han señalado las condiciones del chakra, con el apoyo inestimable de las posturas del yoga, de la respiración, de la meditación, de la luz coloreada y de la reflexología podal, así como de los aceites esenciales y las flo-res de Bach,[2] podrán transformarse en instrumentos naturales válidos para la reactivación o el reequilibrio del chakra en cuestión.

Todos los ejercicios que exigen flexiones, torsiones y tensiones de la columna están orientados a liberar los canales energéticos de bloqueos y a ampliar su capacidad; las posiciones de equilibrio actúan positivamente sobre las dos polaridades de la energía, mientras que las invertidas (de la cabeza para abajo) o en arco (apoyándose sobre los hombros) la envían hacia los chakras superiores, donde espontáneamente, al menos en lo que respecta a una persona en condiciones físicas normales, es más fatigoso acceder. Por último, todas aquellas posturas que implican contracción del abdomen activan el chakra intermedio que, en la columna de los siete chakras principales, actúa como si fuera un «regulador del tráfico».

Puede ocurrir que esta redistribución provoque, como efecto inmediato, un empeoramiento temporal del estado de salud o de los trastornos, orgánicos o funcionales, que actúan como indicadores de un malestar debido a tal o cual chakra.

Un chakra enfermo o un nadi bloqueado son como un músculo que, por culpa de un vendaje demasiado apretado, se vuelve rígido e insensible. Cuando se retira el vendaje, no se siente nada. Después, a medida que la sangre y la energía empiezan a circular, aparece un dolor intenso, un hormigueo molesto como si nos clavaran una aguja. Volvemos entonces a sentir, no sin dolor, las sensaciones que en su momento han provocado el bloqueo, el miedo, la rabia, el sufrimiento y todos aquellos sentimientos negativos que sólo pueden eliminarse dejando que afloren a la superficie. En suma, la última sacudida antes de sentirnos definitivamente liberados.

2. Pueden consultarse *Curso de digitopresión*, de D. Piazza y A. Maglio; *Guía de las flores de Bach*, de V. y C. Fabrocini.

El reequilibrio de los chakras

Notas sobre el yoga y el tantrismo

La palabra «yoga» procede del sánscrito *yuj*, que significa *juntar* o *uncir*. Lo que hay que uncir es intuitivo: todo aquello que, al divagar, intrigar y distraer, aparta del camino de la ascesis, de la identificación del yo con el Todo: los pensamientos, los deseos, las pasiones. El problema se plantea en torno a cómo uncir, y aparecen diversas soluciones: el camino del ejercicio físico, de la respiración y de la concentración (Hatha Yoga); el del amor divino, de la devoción y de la fe (Bhakti Yoga); el de la acción, que se consuma a través del deber cumplido (Karma Yoga); y, además, el del conocimiento (Jnana Yoga), del sonido (Laya Yoga) y de la visualización (Yantra Yoga).

El Tantra Yoga, que trabaja específicamente en el ámbito de la energía sutil de los nadi y los chakras, es en cierto sentido una síntesis de todos estos caminos: un yoga práctico en el que cuerpo y mente, energía materializada y energía sutil interactúan, siendo el primero el vehículo de la segunda. El principio del Tantra es Shakti, el poder femenino que se manifiesta simultáneamente como cuerpo y como mente, si bien la conciencia suprema reside más allá de lo mental y sus limitaciones. Aun así, para superar la mente, es preciso detener su vehículo, purificado mediante la práctica yóguica de las *asana* (posturas), de los *mudra* (gestos) y del *pranayama* (control de la respiración), y suspender cualquier forma de actividad mental.

Cuando el prana, la energía vital rica en iones negativos, se funde con el *apana*, la energía expulsiva cargada de iones positivos, se genera una fuerza capaz de hacer ascender por la columna la energía femenina, Shakti Kundalini (del sánscrito *kunda*, «ovillo» o «cavidad para el fuego del sacrificio»), empujándola hacia arriba. Todas las técnicas que actúan sobre Kundalini tienen un origen tántrico y operan gracias a la unión de la mente y el cuerpo, canalizando la energía sutil a través del sistema nervioso de la columna vertebral. En este caso, en contraste con la ley de la gravedad sube tocando sucesivamente los seis centros de transformación e intercambio alineados en vertical, antes de alcanzar la meta final del séptimo, Sahasrara, alojado entre los dos hemisferios cerebrales. Entonces los dos hemisferios, uno encargado de las funciones verbales y el otro de las visuales, se aplacan en una forma contemplativa más allá del espacio y el tiempo, cesan de trabajar y superan todos los conocimientos ilusorios y las falsas identificaciones con el mundo fenoménico, la apariencia que el hombre común se obstina en confundir con la realidad.

Nos volvemos conscientes de nosotros mismos y de la existencia de otros planos y estados de conciencia, más allá de aquellos a los que hemos accedido normalmente, y nos separamos del mundo exterior para establecer un contacto más íntimo con nuestra propia interioridad. La renuncia al apego a los sentidos franquea el camino que conduce a la dimensión interior y permite ver la luz, superando el dualismo entre mente y cuerpo, materia y espíritu e incluso, según las escrituras yóguicas, el umbral de la vejez, de la enfermedad y de la muerte.

Cómo reequilibrar los chakras

La naturaleza del hombre es de tipo energético, como la que se manifiesta en el infinito número de vibraciones, colores, formas, perfumes y sonidos presentes en la creación. La mente racional y los conocimientos que se basan en ella nos han alejado de esta realidad y de la conciencia de estar inmersos en el Todo, formando una unidad con su esencia. El miedo a perder lo que se ha conquistado, las decepciones, las tensiones, nos han hecho perder de vista esta posibilidad de intercambio continuo entre el hombre y el universo. Todo nos pertenece porque somos parte del todo, y podemos alimentarnos de las manifestaciones cósmicas recibidas a través de los sentidos (colores, formas, perfumes y sonidos) para recuperar la unidad originaria.

Para actuar sobre las partes sutiles más sensibles a las vibraciones ambientales, y sujetas con mayor facilidad a bloqueos y clausuras, existe un sistema natural muy sencillo: someter los chakras a frecuencias vibratorias similares a aquellas con las que vibrarían naturalmente si funcionaran de modo armónico. No hay que olvidar que una de las leyes del esoterismo occidental afirma que «lo similar atrae a lo similar». Y cuando este parecido desaparece, basta con suscitar un contacto, una analogía entre realidades distintas, para que lentamente empiecen a

sintonizar. Basta con pensar en los grupos, las familias o las parejas: tras años de convivencia, acaban pareciéndose, manifestando vicios, virtudes y hábitos similares.

La calidad del ambiente y de quienes nos rodean se convierte, con el tiempo, en la calidad de nuestra propia vida. Por ello, es fundamental tratar de mejorarla, eligiendo los colores y las músicas más adecuadas, y sobre todo la proximidad de personas amables y amorosas. De esta manera, al chakra que padece un desequilibrio energético afluirán frecuencias más altas que las que él puede emitir: empezará entonces a vibrar a mayor velocidad y los bloqueos se disolverán de forma gradual. Como si soplara un viento energético sobre nuestros cuerpos sutiles, limpiándolos, el prana procedente de las capas más sutiles alcanza, a través de los centros energéticos de los chakras, el cuerpo físico, curándolo y revitalizándolo. No se trata de un proceso indoloro: las emociones reprimidas, los bloqueos superados, los recuerdos marginados, afloran de nuevo a la superficie provocando sufrimiento, tanto en la mente como en el cuerpo, antes de desaparecer. Pero hay que insistir, evitando abrumarse por la ansiedad, las jaquecas y la fatiga: sólo así estos malestares pasajeros podrán ceder el paso a una sensación de profunda alegría, lucidez y serenidad.

Cuando nos vemos obligados a afrontar una situación de riesgo, por ejemplo, un contacto con personas desagradables, o bien la permanencia forzada en lugares pobres desde el punto de vista energético, el arte de la visualización se convierte en una valiosa arma de defensa y ataque. Aprendamos a visualizar nuestros deseos, creemos aureolas de luz azul alrededor de las personas queridas, imaginemos un hilo dorado que emane del entrecejo o del tercer chakra, Manipura, y lentamente iremos envolviendo, como un capullo luminoso, a la persona amada o a nosotros mismos. Sin embargo, hay que procurar no exagerar, puesto que si bien es cierto que el «capullo» es un instrumento protector en todas las situaciones negativas, también tiende a bloquear el intercambio energético con el ambiente, con el riesgo, si la situación se prolonga, de impedir la recarga energética necesaria.

Los métodos

Para localizar los chakras más necesitados de ayuda, podemos seguir dos caminos. El primero, accesible a muy pocos, se basa en la sensibilidad. Apoyando la mano abierta a la altura del chakra, observando el aura o utilizando péndulos o varitas radioestésicas, ciertas personas son capaces de evaluar su estado energético, armónico o inarmónico.

Pero es posible intervenir de manera eficaz incluso si no se posee esta capacidad. Estudiaremos atentamente la ficha de cada chakra, y nos interrogaremos con total honestidad, examinándonos en profundidad: enfermedades, temperamento, hábitos, alimentación, postura y duración del sueño. Analizaremos los deseos y preferencias personales, y después las compararemos con las características del chakra en cuestión. Si nos reconocemos en él completamente, significa que el chakra funciona a la perfección, sin dificultades; pero si detectamos en nuestro comportamiento algún aspecto exagerado, quiere decir que en ese nivel hay una carga energética que debe aligerarse. Si las características relativas a ese chakra nos resultan extrañas respecto a nuestros hábitos, nos encontraremos ante un defecto, una carencia.

El primer chakra que debe armonizarse es el del corazón. De hecho, mientras este funcione sin dificultades, nunca nos faltará el amor, que revitaliza y cura, restableciendo con su vibración armoniosa la vitalidad de todos los chakras.

Dejémonos ayudar por la naturaleza, manipulemos los elementos, la arena, la arcilla, el agua. Dejémonos acariciar por el viento, calentar por el fuego, perfumémonos con esencias naturales y tengamos siempre en casa flores frescas. Escuchemos con frecuencia buena música, cantemos, movámonos y bailemos.

Hay que poner esmero en la elección de los colores, de la ropa las paredes, los muebles y los cosméticos (jabones, sales de baño, baño de espuma), teniendo en cuenta que el amarillo es reequilibrante, el naranja y el rojo son calentadores y afirmantes, el azul marino relaja y es ligeramente antibiótico, el verde es tranquilizante y antitumoral y el violeta, anafrodisiaco y espiritualizante.

Podemos reforzar esta terapia natural aplicando directamente sobre el cuerpo, a la altura del chakra, trozos de seda del color correspondiente, o iluminados con bombillas de colores.

Como alternativa, podemos preparar la maravillosa «agua de sol», que tomaremos a pequeños sorbos de agua una garrafa transparente vendada con seda de colores (de un sólo tono) y que dejaremos reposar a la luz directa del sol durante cinco o seis horas, como mínimo.

Podremos añadir la ayuda que proporcionan los cristales, que los hindúes definen como «gotas de luz de colores». Podemos llevar encima, pegados a la piel, los que se aconsejan para el chakra que «está en peligro», o bien junto a la cama, a la altura de la cabeza o del corazón. Lo fundamental es que, antes de utilizarlos, los hagamos nuestros, lavándolos en agua abundante en la que ha-bremos disuelto sal marina.

Sin embargo, la solución más eficaz consiste en llevar a cabo la meditación sobre los distintos chakras, tumbados en el suelo, con los ojos cerrados y la cabeza orientada hacia el norte, apoyando sobre la piel desnuda, a la altura de los centros energéticos. El efecto será aún más intenso cogiendo en cada mano un cristal de cuarzo (puntiagudo en la derecha, redondeado en la izquierda) y colocándonos alrededor del cuerpo, en círculo, doce pequeños cristales con las puntas orientadas hacia el centro.

Otra posibilidad muy eficaz de intervención la proporciona una técnica oriental antiquísima: el masaje de los puntos de acupuntura, o el más sencillo de las zonas reflejas de la planta de los pies, que son áreas minúsculas en correspondencia con los distintos órganos y funciones del organismo.

El masaje se realiza con movimientos profundos y circulares, rigurosamente en sentido horario para cargar, y antihorario para descargar, utilizando, en función de la extensión de la zona a tratar, únicamente el pulgar, el pulgar y el índice o el pulgar, el índice y el corazón. Aplicaremos este masaje sobre cada punto durante dos o tres minutos, insistiendo en las zonas correspondientes a los chakras con dificultades. Se recomienda ejercer una presión moderada, enérgica pero no tan fuerte como para que provoque un dolor insoportable.

La regla es sencilla: un poco de dolor es el signo adecuado que envía el punto tratado, y significa que el chakra o el órgano afectado es justo el que estamos manipulado. Aun así, no debemos creer que, cuanto más insoportable sea, el masaje tiene mayor eficacia. Una acción demasiado intensa no haría más que descargar las zonas tratadas, poniendo en peligro un equilibrio energético ya de por sí inestable.

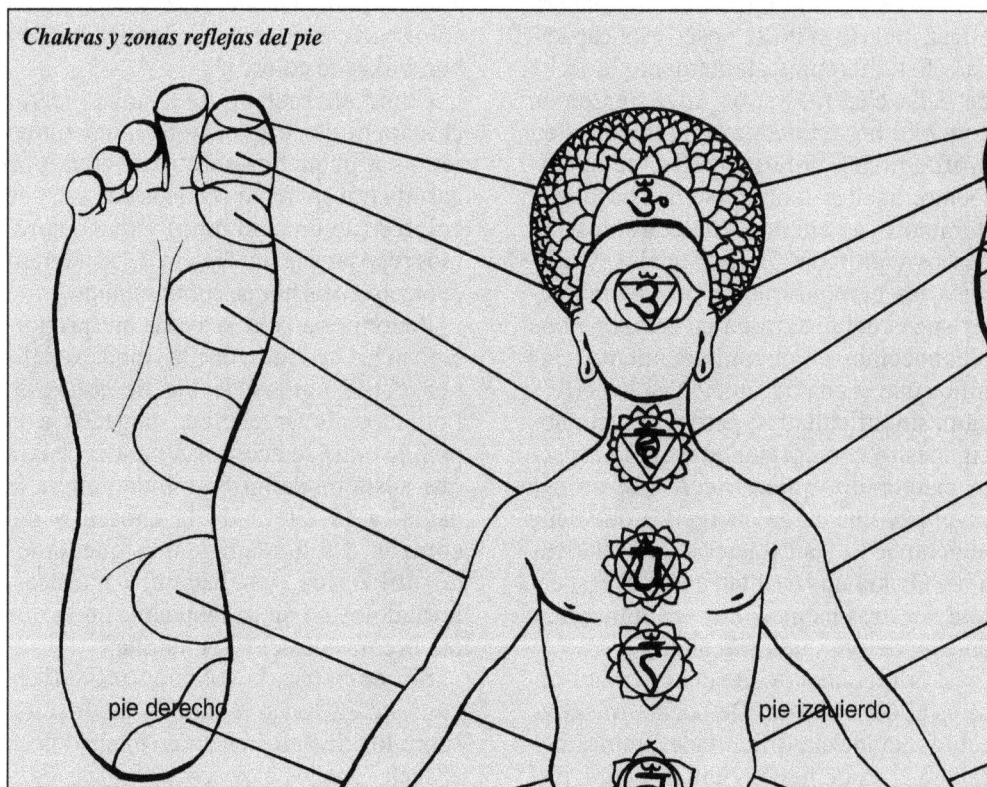

Chakras y zonas reflejas del pie

pie derecho   pie izquierdo

Segunda parte

LOS CHAKRAS

Muladhara Chakra

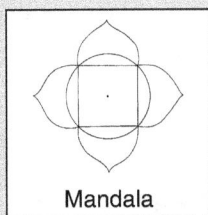
Mandala

Nombre en sánscrito: Muladhara.
Significado: raíz, sostén.
Situación: se encuentra en el plexo pélvico, el perineo, en la base de la columna.
Palabras clave: enraizamiento, aceptación, encarnación.
Funciones: supervivencia, nutrición, reproducción.
Rotación: derecha para el hombre, izquierda para la mujer.
Tattva: tierra.
Color del tattva: amarillo.
Forma del tattva: cuadrado.
Número de pétalos: cuatro.
Color de los pétalos: rojo.
Letras devanagari: *vam*, *sam*, *sham* (lingual), *shâm* (palatal).
Sílaba sagrada: *lam*.
Vocal: oh.
Nota musical occidental: *do*.
Nota musical hindú: *sa*.
Música: tribal, rítmica, sonidos de la naturaleza.
Divinidades correspondientes: Ganesh, Savitri, Brahma.
Características psíquicas: cólera, materialidad (si es excesiva); distracción, pereza, incapacidad de llevar los propios asuntos (si es deficitaria).
Estado interior: estabilidad, firmeza, paciencia, seguridad.
Estado exterior: sólido.
Duración del sueño: 10 o 12 horas.
Postura durante el sueño: boca abajo.
Acciones: querer, poseer.
Obstáculos: ira, avidez, deseos.
Glándulas: suprarrenales, testículos.
Partes del cuerpo: piernas, pies, huesos, intestino grueso, ano, vejiga, nariz.
Sentido: olfato.
Enfermedades físicas: obesidad, hemorroides, ciática, artritis, reumatismos, anorexia, sida, tumores óseos y de piel.
Enfermedades psíquicas: depresión, impotencia, inseguridad.
Vayu: apana.
Edad: entre 0 y 7 años.
Plano: Bhu Loka (plano del suelo).
Planetas: Sani (Saturno), Kuja (Marte).
Signos zodiacales: Aries, Escorpio.
Metales: plomo.
Alimentos: proteínas.
Perfumes: pino, cedro, pachulí, musgo, clavo, lavanda, jacinto.
Colores: rojo, marrón, verde malva.
Piedras: rubí, coral rojo, magnetita, granate, heliotropo, jaspe, hematites, ónice negro, obsidiana, cuarzo ahumado, turmalina negra, ágata, alejandrita.
Animales: elefante, búfalo, toro.
Fuerza operante: gravedad.
Yoga: Hatha Yoga.
Guna: tamas.
Dirección: Norte.
Flores de Bach: Aspen, Chestnut Bud, Chicory, Elm, Olive, Willow.

Conocido también como Adhara Padma, es el primero de los siete chakras, la nota más baja, el peldaño básico sobre el que se apoyan todos los demás. Su función ya está inscrita en los nombres que se le atribuyen: en sánscrito, *mula* significa «raíz», mientras que *adhara* quiere decir «base» y *padma*, «loto», o bien «raíz básica» o «raíz de loto» (la flor que simboliza el despertar de la conciencia, obtenido mediante la progresiva ascensión de la energía sutil Kundalini, a lo largo del trayecto energético de la columna).

En Muladhara yace dormido un potencial tan enorme que si la energía emerge de una forma demasiado violenta, se comporta como un terremoto: todos los recuerdos convergen aquí, en el gran océano del chakra básico, correspondiente al plexo sacrococcígeo donde tiene la sede *shakti*, la energía femenina, lo irracional.

Colocado en el perineo (en el varón, entre el orificio urinario y el excretorio y en la mujer, detrás de la cerviz, en la parte más baja del útero), controla todas las funciones excretoras y sexuales. Esto hace de este chakra uno de los centros psíquicos más importantes y estimulantes, aunque también es fuente de perturbaciones.

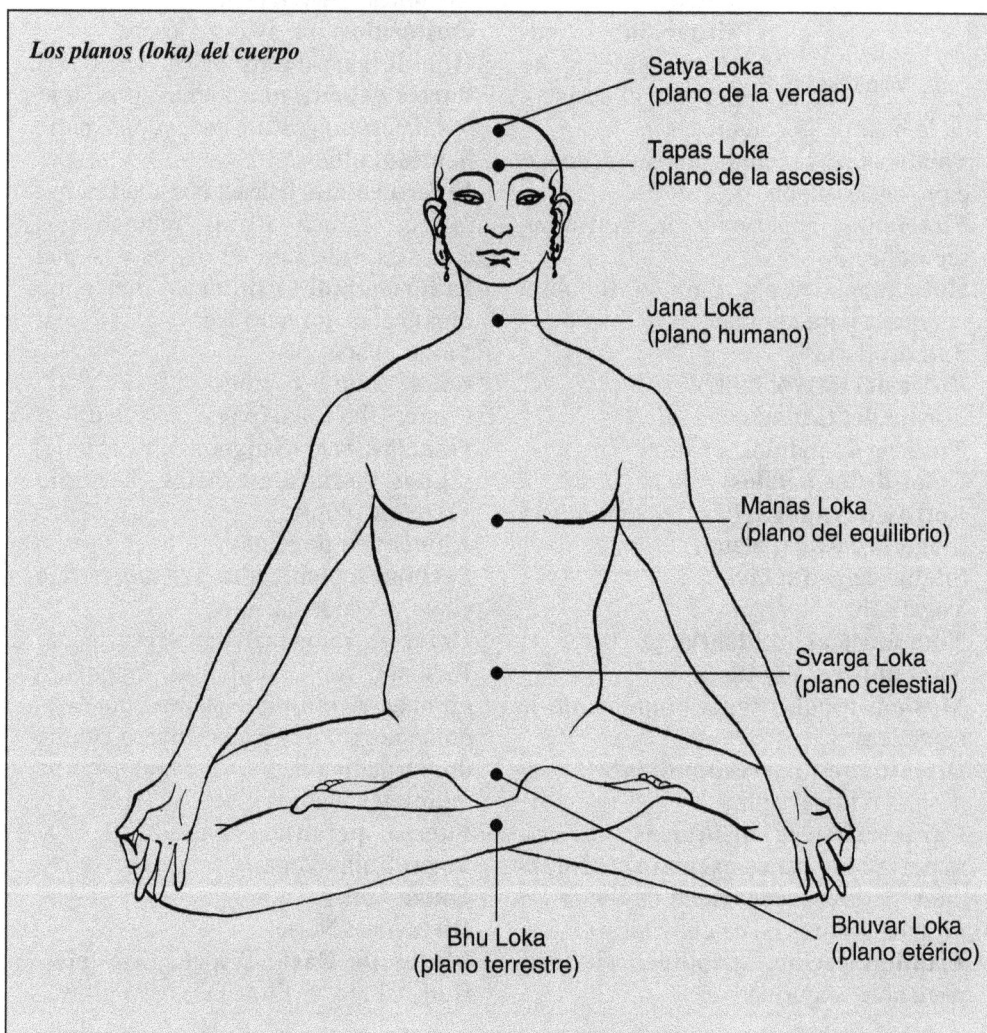

Los planos (loka) del cuerpo

Satya Loka
(plano de la verdad)

Tapas Loka
(plano de la ascesis)

Jana Loka
(plano humano)

Manas Loka
(plano del equilibrio)

Svarga Loka
(plano celestial)

Bhu Loka
(plano terrestre)

Bhuvar Loka
(plano etérico)

En lo físico y lo anímico

En analogía con el elemento terrestre, Prthvi, el más condensado de los cinco que dan vida al universo hindú, Muladhara representa el fundamento, la plataforma sobre la que se apoyan todos los demás chakras. Como base del *annamaya kosha*, el cuerpo del alimento, preside todo lo que es sólido, terreno: la existencia material, la supervivencia, el equilibrio con el ambiente, la asimilación, la reproducción, así como la capacidad de manifestar las propias necesidades aunque también de aceptar los límites que nos impone nuestra condición de seres encarnados.

Así pues, actúa sobre todo aquello que es consistente (como los dientes, las uñas, el esqueleto y la carne que lo reviste) y, en relación con el apana, la energía expulsiva que empuja hacia abajo, sobre el intestino grueso, por donde pasan los materiales de desecho. Y, además, actúa sobre los testículos y las glándulas suprarrenales, reguladores de la circulación sanguínea y de la temperatura corporal, así como del órgano y el sentido del olfato, que tiene su sede en el rinencéfalo, la parte más antigua del cerebro. Por lo tanto, no es casualidad que, tal como dice la fisiognómica, a un temperamento concreto y orientado hacia el placer suela corresponderle una nariz importante.

No pueden equilibrarse los demás chakras si no se trabaja antes sobre Muladhara, poniendo a punto las virtudes de la seguridad y la fuerza interior; en caso contrario, tal desarrollo se mostrará con el tiempo falto de raíces y le faltará la estabilidad necesaria para realizarse y gozar de longevidad.

Cuando, gracias al despertar de Muladhara, la persona empieza a armonizarse con las fuerzas del cosmos, deja de despilfarrar su energía en una sexualidad desmandada y aprende a utilizar el propio cuerpo como un vehículo, y ya no

como un objetivo de la existencia que debe mimarse y alimentarse a toda costa. Confiada y agradecida por lo que tiene, le gusta sentirse en acción y se integra sin esfuerzo en el ciclo natural de la vida: sueño-vigilia, actividad-quietud.

Normalmente, el niño, hasta los siete años actúa en conformidad con el primer chakra. Considera la materia como una experiencia fascinante y nueva pero, aún egocéntrico y unido a la esfera física, aprende lentamente a regular los hábitos de la alimentación y del sueño que le resultan placenteros. La inseguridad en ocasiones lo vuelve violento, hasta el punto de arremeter ciegamente contra cualquiera que amenace sus certezas y posesiones: los juegos, los dulces o el afecto de sus padres.

Funcionamiento excesivo

Cuando, una vez superada la infancia, Muladhara sigue en un estado hiperactivo, la persona se muestra contraída, replegada sobre sí misma. Al rechazar vivir de acuerdo con las leyes naturales, sigue produciendo *karma* y cada vez se enreda más en las trabas del mundo terrenal.

Se siente atraído hacia abajo por los deseos y pulsiones materiales, que le incitan a excederse con el alcohol, la comida y el sexo. Se empeña en poseer todo lo que ve, halla serias dificultades en la acción inversa, el dar, hasta el punto de resentirse de ello en el plano físico, a través de los trastornos típicos de quien tiende a retener: obesidad, hinchazón, estreñimiento.

El apego excesivo a las propias necesidades le hace perder de vista las exigencias ajenas. Se ancla entonces en ciertos hábitos y pequeñas manías, más o menos inocuas, hasta perder el control cuando se siente obstaculizado por el exterior.

Para compensar el gasto energético que todas estas asperezas de carácter (celos, cólera, materialismo, envidia) comportan, tiende a comer mucho y a dormir hasta ocho o diez horas, en la típica posición infantil con la barriga hacia abajo. Por lo demás, tras este afán agresivo de deseo y placer, hay siempre un miedo inconsciente de perder la seguridad y el bienestar conquistados con esfuerzo.

Pero si el deseo de ampliar el espectro de las propias experiencias físicas puede actuar como un estímulo para el crecimiento y el desarrollo individual, no hay que infravalorar el riesgo, siempre acechante, de encallarse en cuanto se haya obtenido una satisfacción, sin tratar de pasar a un estado más evolucionado.

Funcionamiento deficitario

Si el primer chakra está bloqueado o cerrado, si la energía se estanca sin poder fluir, el físico se debilita, el apetito es escaso y las defensas no son las adecuadas. La inseguridad y las preocupaciones acentúan los problemas cotidianos más corrientes, ya de por sí pesados para quien, al faltarle la energía y la constancia necesarias, se esfuerza en llevar a buen puerto sus objetivos.

Entonces, la vida se le aparece, antes que como un placer, como un túnel gris sin final. A menudo se siente fuera de lugar, como si realmente no perteneciera a este mundo; le gusta imaginar que ha sido expulsado como un ángel caído, y sueña con regresar a las regiones elevadas de las que procede.

El símbolo

Es un gran cuadrado amarillo, circundado por cuatro pétalos de color rojo intenso, la más baja de las emisiones del espectro solar, con la inscripción de cuatro letras nasalizadas del alfabeto *devanagari*, las cuatro vibraciones sonoras, *vam*, *sham* (lingual), *shâm* (palatal) y *sam*, producidas por los cuatro nadi que se encuentran en este punto, formando otros tantos ganglios nerviosos. En el interior del cuadrado hay un triángulo invertido, un elefante blanco, la sílaba sagrada, el *bija lam*, de color oro, que lo representa y lo activa: esta es la imagen simbólica que hay que visualizar como apoyo para la meditación sobre Muladhara Chakra.

Empezaremos con el cuadrado, la figura geométrica que, en virtud del número cuatro (cuatro lados y cuatro ángulos), alude a la estabilidad más que ninguna otra. De hecho, la tierra es el más bajo, sólido y concentrado de los cuatro elementos *(tattva)*, cinco en la India, donde a la tierra, el agua, el aire y el fuego se le añade el *akasha*, el éter, o bien el espacio en el que se relacionan todos los demás. Es la cuna de todas las posibilidades, el refugio de todas las semillas; la madre y la tumba, el origen y el final y, al mismo tiempo, también el sostén de todas las cosas, exactamente como Muladhara es la raíz y el fundamento de todos los demás chakras. No por casualidad, todo cuanto se manifiesta en la naturaleza (los elementos, las estaciones, los humores, los puntos cardinales o las fases lunares) está sometido al simbolismo estático del número cuatro, que representa la totalidad manifestada.

En los textos tántricos, se afirma explícitamente que es Shakti, el aspecto femenino y materno de la energía, el auténtico creador, mientras que Shiva, lo masculino, es únicamente conciencia. En el interior del triángulo, puede verse el *Shiva lingam*, el miembro viril del dios, de color del oro fundido, circundado por una serpiente que se enrolla alrededor suyo.

No por casualidad, la serpiente es la forma de la eternidad, la circularidad del tiempo, sin inicio y sin final, sobre la que reposa el dios Vishnú, el conservador del mundo. Pero, como quiera que el reptil muda periódicamente la piel, así también el tiempo (en sánscrito, *mahakala*), se renueva continuamente: todo se repite, en el fluir de los años, y aun así nada permanece igual a sí mismo. Sólo hay una fuerza que vive más allá del tiempo y del espacio, y es Kundalini, adormecida en el inconsciente.

Este es el motivo por el que, en cuanto se activa el chakra y Kundalini empieza a despertarse, la cabeza de la serpiente se levanta, con la boca abierta hacia arriba, dispuesta a iniciar el ascenso a lo largo del canal central. Esto es posible gracias a la emisión sonora del bija sagrado al dios Indra, que se efectúa formando un cuadrado con los labios y presionando la lengua contra el paladar. De hecho, el sonido *lam*, al hacer vibrar el paladar, el cerebro y la parte superior del cráneo, estimula los nadi del primer chakra y, con los cuatro brazos simbólicos que la tradición tántrica les atribuye, crea un bloqueo que impide que descienda la energía.

Como sostén del triángulo invertido de Muladhara Chakra, está el elefante blanco Airavata, la montura del dios del cielo Indra, dotado de siete trompas. Son los *sapta dhatu*, los siete minerales vitales para el cuerpo humano, los siete elementos constitutivos del cuerpo físico: arcilla, fluidos, sangre, carne, grasa, hueso y tuétano. O bien los siete deseos: seguridad, procreación, longevidad, participación, conocimiento, autorrealiza-

Muladhara Chakra

ción y unión. Pero también los siete planetas conocidos por los antiguos, los siete chakras principales, los siete aspectos del ser que cada cual debe descubrir y desarrollar en armonía con las leyes naturales. El elefante representa la búsqueda de alimento para el cuerpo, la mente y el espíritu, la memoria y la repetición de los esquemas de comportamiento que se representan a lo largo de toda la vida, en la práctica la energía que nutra aquello que debe ser realizado. Es la montura de la mente, de la tonalidad cambiante de la nube, la chispa que fecunda la tierra y lo activa. Hasta el punto de que, quien ha sabido despertar el primer chakra, puede estar seguro de que continuará su propio camino hacia la realización, con la marcha lenta pero constante del elefante. Llevará mejor el peso de la vida y trabajará sobre sí mismo con humildad y empeño.

En lo que respecta a la parte femenina de lo divino, la proyección de Shakti en el primer chakra es Savitri, bruja terrorífica, sentada sobre un loto rojo, la energía poderosa y aún incontrolada de la naturaleza. En Savitri, que resplandece como un sol naciente, se sintetiza toda la mecánica hinduista de la creación: la caída del espíritu que se coagula gradualmente en la existencia material. En las cuatro manos sostiene, respectivamente: el tridente, símbolo de las fuerzas creadoras, conservadoras y destructivas del cosmos; la espada, que vence el miedo y expulsa la ignorancia; el escudo protector, y la calavera, emblema del miedo a la muerte, aún muy activo en el primer chakra.

En el interior de la letra *lam* del bija hay inscrita otra divinidad: el dios niño Bala Brahma, el de los cuatro rostros dorados, que, al poder observar al mismo tiempo en cuatro direcciones, gobierna sobre toda la creación y combate el miedo en nuestras confrontaciones con lo ignoto. Cada una de las cabezas representa uno de los cuatro aspectos de la conciencia: el yo físico, que se manifiesta a través de la materia, y está asociado con el alimento, el movimiento, el sueño y el sexo y, por tanto, con la tierra; el yo emotivo, constituido por los estados de ánimo y los sentimientos en cambio continuo, conectado con el agua; el yo racional, ligado con los procesos lógicos, en analogía con el aire; y el yo intuitivo, es decir, la voz interior, identificado con el fuego. En tres de sus cuatro manos sostiene, respectivamente, una flor de loto, símbolo de la pureza, las sagradas escrituras de los Vedas y una vasija llena de *amrita* (el néctar embriagador), mientras que la cuarta realiza el mudra que ahuyenta el miedo.

A estas figuras divinas se le añade Ganesh, el protector de los estudiantes y de cualquier actividad apenas emprendida, puesto que elimina los obstáculos y proporciona la constancia necesaria para continuar el camino iniciado. Tiene el poder de controlar el hemisferio izquierdo, responsable del pensamiento lógico y racional, y de liberar el derecho, sede de la creatividad y de la intuición, indispensable para llevar a cabo cualquier actividad de tipo espiritual.

Ganesh tiene cuerpo de hombre y cabeza de elefante, y cuatro brazos con los que destruye los obstáculos. Con las tres primeras manos, Ganesh empuña, respectivamente, el *ladu*, un dulce simbólico que aporta salud y prosperidad a la familia, una flor de loto que simboliza la acción altruista y pura, y una hacha que libera del vínculo de los deseos, mientras que con la cuarta realiza el mudra que aleja el miedo.

El despertar del primer chakra

La tradición nos ha legado numerosos métodos para despertar a Muladhara, pero el más sencillo y directo es sin duda concentrarse sobre la punta de la nariz. De todos modos, la energía femenina Shakti, apenas despertada, no prosigue inmediatamente hacia arriba. La mayoría de las veces, como hace el dormilón antes de empezar la jornada, tiende a amodorrarse de nuevo y, al igual que se despierta y asciende a toda velocidad, en ocasiones incluso hasta Manipura, con la misma rapidez vuelve a adormecerse. Entonces, se producen toda una serie de manifestaciones temporales de los poderes psíquicos, acompañadas a veces por un intenso calor y un curioso hormigueo en la columna: levitación de los brazos o experiencias parciales de salidas astrales, frustradas de inmediato por una sensación de desconcierto e incluso de pánico.

Cuando la energía asciende desde Muladhara hasta Svadhishthana, se atraviesa un periodo crucial de la vida.

Todas las emociones reprimidas (cólera, lujuria, avidez) salen a la superficie, expulsándolas con virulencia en un ciclón de pasiones incontroladas. En ocasiones, la conciencia desciende hasta un nivel puramente instintivo, mientras que en otras asciende hasta los niveles más sutiles, en un vaivén incierto de éxitos y fracasos, de progresos y también de involuciones.

Sólo cuando el despertar del chakra es completo, el practicante de yoga obtiene el poder de la levitación *(darduri siddhi)*, así como claridad, inspiración, vigor, valentía, comprensión y dulzura de la voz. Adquiere entonces la capacidad de dominar la respiración, la mente y, en el hombre, el líquido seminal. Todos sus errores resultan cancelados y se entreabre el conocimiento del pasado, el presente y el futuro. Bailar girando la pelvis, dar patadas al aire, golpear con los talones en el suelo, saltar, correr, practicar artes marciales, jugar al fútbol o luchar, son todos ellos ejercicios muy valiosos para activar a Muladhara. A todo ello hay que añadir las técnicas tántricas más específicas: *asana* (posturas), *pranayama* (respiraciones) y *mudra* (gestos de las manos).

Las técnicas

Salabhasana: posición de la langosta

Tumbados con la cara hacia el suelo y los brazos a lo largo del cuerpo, espiraremos y levantaremos las piernas lo más alto que podamos, estirando al mismo tiempo los brazos hacia atrás. Contraeremos las nalgas y la musculatura de las piernas, que deben mantenerse unidas y bien estiradas.

Salabhasana es una postura recomendable para quien sufra diabetes, colitis, estreñimiento, depresión y trastornos sexuales. Son muy pocas sus contraindicaciones: se limitan a los casos más graves de artrosis cervical. Afecta los chakras Muladhara y Manipura.

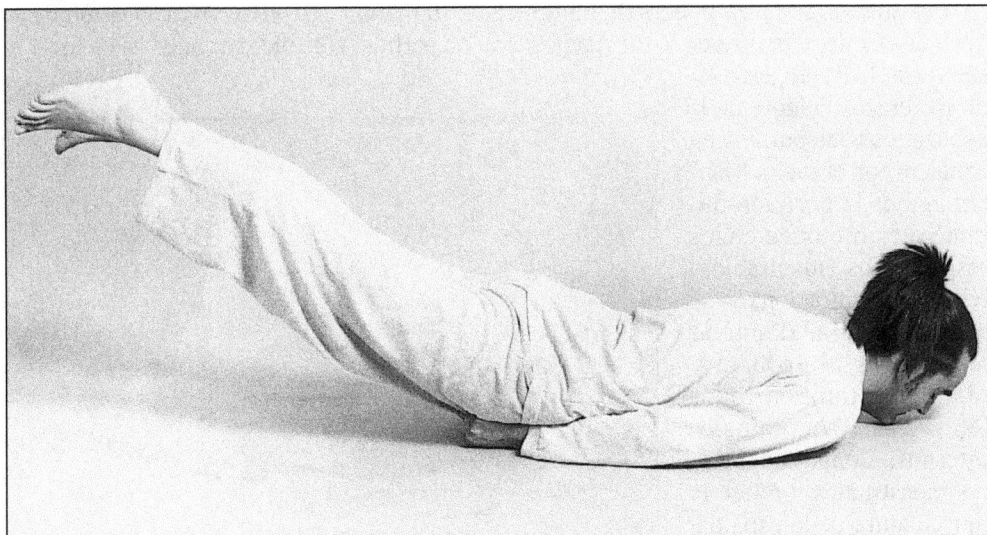

Maha Mudra: el gran sello

Sentados en el suelo, con las piernas unidas y perfectamente estiradas, flexionaremos primero la derecha hasta que el talón toque el perineo. Ahora, el ángulo descrito por los dos muslos debe tener una apertura de unos 90°. En este punto, nos inclinaremos hacia delante y nos cogeremos el pie izquierdo con ambas manos. Espirando, doblaremos el tronco y lo estiraremos hasta que la cara toque la pierna izquierda. Mantendremos la posición durante al menos un minuto, y repetiremos el ejercicio cambiando de pierna.

Contraindicado únicamente en caso de inflamación del hígado y el bazo, Maha Mudra, además de reactivar a Muladhara, combate el estreñimiento, la diabetes, las disfunciones sexuales y digestivas, así como las intoxicaciones alimentarias.

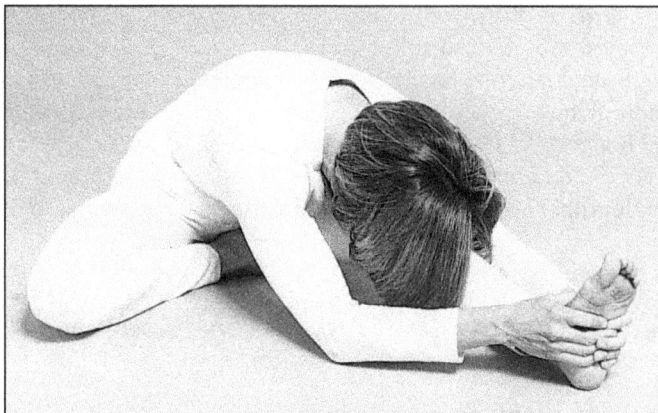

Sadhakasana: posición del adepto

Nos sentaremos erguidos sobre los talones abiertos, uniendo el dedo gordo de ambos pies y con las manos apoyadas sobre las rodillas. Inspiraremos profundamente y espiraremos doblando lentamente el tronco hacia delante. Mientras tanto, cerraremos las manos, con los pulgares doblados hacia dentro. Pondremos los dos antebrazos en el suelo, con los codos cerca de las rodillas, y colocaremos la frente sobre los dos puños superpuestos.

Hay otra variante un poco más complicada, llamada *Charmikasana* (posición de la devoción), que se realiza en la misma posición de partida. Nos inclinaremos hasta tocar el suelo con la frente, estirando los brazos delante de la cabeza, con las palmas en contacto con el suelo. Mantendremos la posición durante diez o quince ciclos respiratorios (inspiración, retención, espiración).

Esta postura, al activar los chakras Muladhara y Manipura, tonifica todos los órganos abdominales internos, atenúa los dolores menstruales y relaja la musculatura de la espalda.

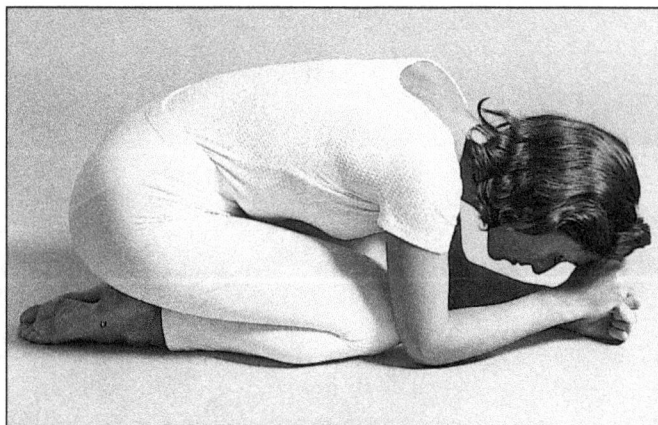

Matsyasana: posición del pez

Nos sentaremos en el suelo, con las piernas estiradas hacia delante y las manos sobre las caderas. Inspiraremos y después espiraremos arqueando el tronco hacia atrás y apoyando los codos en el suelo. Inspiraremos de nuevo; con la nueva espiración, dejaremos resbalar los brazos hacia delante con las manos apoyadas sobre los muslos y la cabeza hacia atrás, hasta tocar el suelo con la cúspide del cráneo. Estaremos así diez o quince ciclos respiratorios, y después, espirando, nos dejaremos resbalar hasta el suelo. Esta postura previene resfriados, bronquitis, crisis asmáticas, tonifica los órganos abdominales, los genitales y el sistema nervioso. Exceptuando el Sahasrara, actúa sobre todos los chakras.

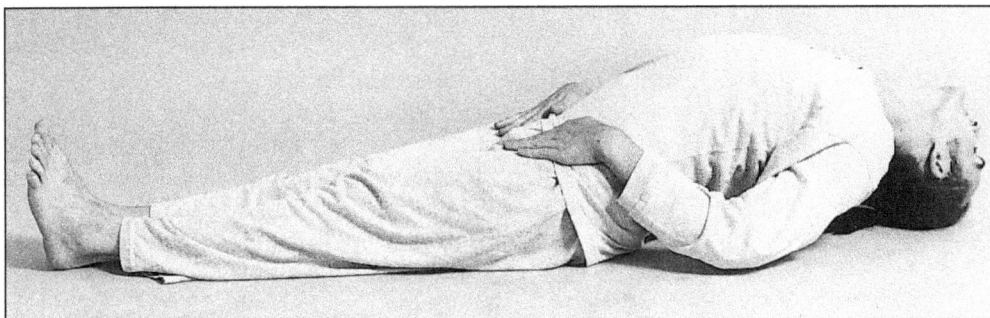

Sardulasana: posición de la tigresa

Nos pondremos a gatas, de manera que las piernas y los brazos, paralelos entre sí, formen un ángulo recto con el tronco. El peso del cuerpo está sostenido en su mayor parte por las manos y las rodillas. Inspiraremos, curvando la espalda y estirando el cuello hacia atrás, formando un ángulo cóncavo. Después, espiraremos, levantando la zona sacra y contrayendo el abdomen sobre el esternón, hasta formar un ángulo convexo. Lo repetiremos cinco o seis veces, concentrándonos en los movimientos y en la respiración.

Esta postura, que activa los chakras Muladhara, Svadhishthana, Manipura y Ahahata, tonifica todo el abdomen, proporciona elasticidad a la columna, refuerza la pelvis y aumenta la potencia respiratoria.

Salambasarvangasana: posición de todo el cuerpo sostenido

Nos tumbaremos en posición supina, con las piernas juntas y los brazos a lo largo del cuerpo. Con una inspiración profunda, levantaremos las piernas unidas con toda la pelvis, y doblaremos los brazos de modo que las manos abiertas sostengan el tronco.

La barbilla se apoya sobre el esternón y las piernas permanecen unidas y perfectamente tensas. Mantendremos la posición durante cinco ciclos respiratorios, y entonces, espirando, volveremos lentamente a colocar piernas y brazos en el suelo.

Esta postura, perfecta para estimular todos los chakras, así como para la circulación y la tiroides, es muy efectiva contra el prolapso uterino, el asma y las hemorroides, aunque está contraindicada para quien sufra hipertensión, hipertiroidismo y trastornos en los ojos, en la nariz y las orejas.

Anantasana: posición de Ananta

Nos tumbaremos sobre el costado derecho, con el brazo en el suelo y aguantaremos la cabeza con la mano. La muñeca se apoya sobre la sien, la palma sobre la oreja y el dedo sobre el cuello, mientras el brazo derecho permanece estirado. Doblaremos la pierna izquierda y apoyaremos el pie en el muslo derecho. Cogeremos con la mano izquierda el dedo gordo del pie y estiraremos la pierna. Aguantaremos así unos diez ciclos respiratorios, y repetiremos sobre el otro costado.

Anantasana relaja la espalda, tonifica la pelvis y previene las heridas. Reactiva los chakras Muladhara, Manipura y Anahata.

Suptakonasana: posición del ángulo invertido

Tumbados en posición supina, doblaremos las piernas y las separaremos mientras inspiramos. Juntaremos los pies, cogeremos el dedo gordo de ambos con las manos y estiraremos los brazos y las piernas, sin soltar los dedos. Permaneceremos así durante cinco o diez ciclos respiratorios; después, doblaremos las rodillas inspirando profundamente. Terminaremos con una espiración.

Suptakonasana proporciona elasticidad a la columna y el perineo, y previene los trastornos circulatorios en la zona inferior del cuerpo. En el nivel sutil, corrige los trastornos de Muladhara, Svadhishthana, Manipura y Anahata.

Utthita Trikonasana: posición del triángulo alargado

De pie y con los pies separados, estiraremos los brazos paralelamente al suelo, con las palmas hacia abajo. Giraremos el pie derecho unos 90° a la derecha, orientando el izquierdo en la misma dirección. Inspirando, inclinaremos el tronco a la derecha, doblando la rodilla y tocando el suelo con la palma, mientras que estiramos el otro brazo hacia arriba. Dirigiremos la mirada hacia la punta de la mano izquierda. Mantendremos la posición unos 30 segundos, y repetiremos en el otro lado.

Esta postura, que afecta a los tres primeros chakras, tonifica el abdomen, los riñones y el intestino, reduce la adiposidad y proporciona elasticidad.

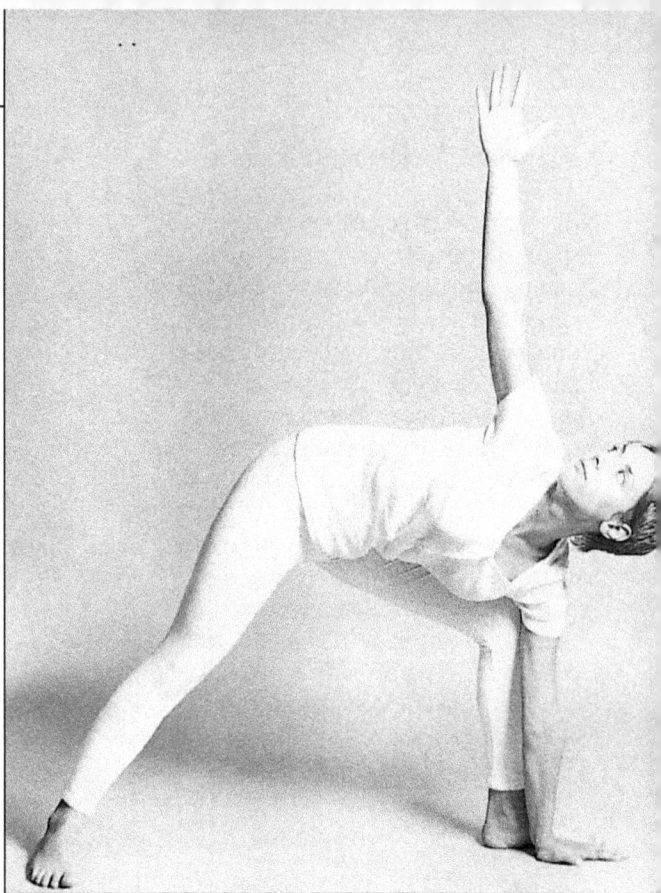

Vajrasana: posición del rayo

Arrodillados y sentados sobre los talones, separaremos las piernas y los pies de modo que las nalgas se apoyen en el medio, directamente sobre el suelo. Las palmas de las manos se apoyarán en los muslos.

Vajrasana, actuando sobre el funcionamiento de los tres primeros chakra, contrarresta los trastornos digestivos y menstruales, tonifica el aparato sexual y relaja la musculatura de las piernas tras estar varias horas de pie.

Siddhasana: posición perfecta

Sentados en el suelo con la espalda perfectamente erguida, llevaremos el pie izquierdo hasta la zona del perineo, manteniendo la rodilla correspondiente en contacto con el suelo. El derecho, encima del izquierdo, presiona contra la ingle, mientras que las palmas de las manos se apoyan sobre las rodillas.

Siddhasana, al estimular a Muladhara, tonifica la región lumbar y el intestino, refuerza las articulaciones de las extremidades inferiores y agudiza la percepción.

Ganapatiasana: posición del sabio Ganapati

De pie con las piernas estiradas, descargaremos el peso del cuerpo sobre la izquierda y cruzaremos los

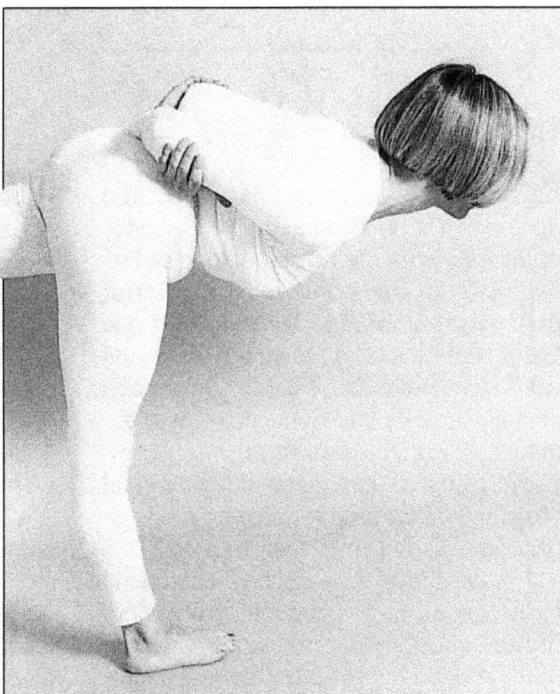

brazos detrás de la espalda. Inspirando, flexionaremos el tronco hacia delante, hasta alinearlo paralelamente al suelo y, al mismo tiempo, levantaremos hacia atrás la pierna derecha estirada. Repetiremos con la otra pierna.

Ganapatiasana tonifica el Muladhara, refuerza la memoria y proporciona estabilidad y equilibrio.

El mudra

Se realiza flexionando ambos brazos, con las manos orientadas hacia arriba. Doblaremos entonces los dedos hacia delante, pero sin apretarlos demasiado en un puño.

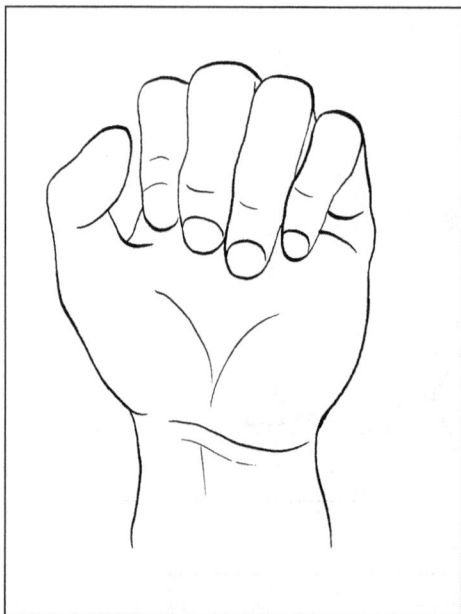

La comida

La carne es el alimento más material e instintivo que pueda imaginarse. De todos modos, la larga digestión a la que obliga concentra la energía de la parte inferior del cuerpo, limitando levemente la que fluye hacia los chakras superiores. Una cantidad moderada de carne, sobre todo para quien se sienta extenuado o desorientado, podría incluso ser útil.

Sin embargo, hay que evitar caer en el consumo excesivo, porque provoca pesadez y fatiga en el aparato renal.

De todos modos, nadie ha dicho que la carne sea el único alimento proteínico: judías, nueces, huevos, leche y, sobre todo, los derivados de la soja (por ejemplo, el tofú), pueden sustituirla perfectamente, asegurando al mismo tiempo el respeto a la ley yóguica del *ahimsa* (no violencia), que prohíbe matar cualquier ser vivo.

La música

El ritmo ideal es el monótono y cadencioso, típico de la expresión musical tribal, que favorece y subraya la identificación con la naturaleza. Del mismo modo, todos los sonidos presentes en la naturaleza (como el canto de los pájaros, el zumbido de los insectos, el crujido de la hierba o el repiqueteo de la lluvia) estimulan dulcemente a Muladhara, despertándolo sin traumas. También es útil vocalizar el sonido *ohh*, entonándolo en *do*, que empuja la energía hacia abajo, en dirección a las raíces.

Los colores

El color que vibra en sintonía con Muladhara y que este, a su vez, produce en nuestro campo energético es el rojo, la frecuencia más baja del espectro solar: el color del amor y de la sangre, de la lucha y de la alegría. Podemos irradiar directamente la zona del chakra (o las partes del cuerpo correspondientes) con una bombilla roja, o bien aplicar sobre la piel un trozo de seda del mismo color.

Cada mañana, en ayunas, beberemos agua de manantial, expuesta a los rayos solares durante las veinticuatro horas anteriores en un recipiente transparente envuelto en seda roja.

Como alternativa al rojo, en ocasiones demasiado violento, podemos recurrir al marrón o al verde malva, ambos emanados de este chakra y, por ello, idóneos para regenerarlo y reequilibrar los órganos afines.

Los cristales

El granate, colocado sobre el chakra de la raíz o utilizado para acariciar, rozando levemente la zona del cuerpo en cuestión, desarrolla la fuerza, la valentía, la voluntad de vivir y de oponer resistencia a las enfermedades y las dificultades, regenera los daños de los tejidos y de la piel, y consuela a quien se esfuerza en aceptar la muerte de los seres queridos.

Por su parte, el coral rojo y el rubí vivifican la energía creadora, y alimentan, calientan y purifican el cuerpo y la mente. De modo similar se comporta el jaspe sanguíneo, que reactiva la naturaleza instintiva.

El cuarzo ahumado, por el contrario, restablece la comunicación con la madre tierra, proporciona estabilidad y paciencia y desintoxica del abuso del tabaco, mientras que las variedades con incrustaciones verdes protegen contra todas las influencias negativas del ambiente.

Por lo que respecta a la turmalina negra, amiga tanto del Muladhara como de los chakras de las plantas de los pies, protege el cuerpo físico contra eventuales presencias extrañas durante la meditación y preserva de los efectos nocivos de las ondas herzianas.

Por último, el ágata ayuda a descubrir un sentido a la vida y apoya el esfuerzo educativo de los padres primerizos.

Los perfumes

El aceite esencial del cedro, utilizado para perfumar el ambiente o añadido directamente al agua del baño, reactiva la vitalidad y aumenta la seguridad. También puede utilizarse para masajear las piernas, unidas siempre con el Muladhara, y sobre todo las plantas de los pies. Es preferible estimularlas previamente sacudiéndolas con fuerza contra el suelo varias veces, frotándolas levemente o practicando movimientos circulares con un palito con la punta redondeada.

El clavo es también de gran utilidad, especialmente si el primer chakra está bloqueado, ya que libera de los hábitos vinculantes y reabre el paso a las energías frescas y vigorosas de la renovación.

La meditación

Elegiremos una silla con el respaldo alto y nos sentaremos con el tronco erguido y los pies juntos. Regularemos la altura, utilizando, en caso necesario, un cojín, de manera que los pies se apoyen sin esfuerzo en el suelo, mientras que las piernas y los muslos formen entre sí un ángulo recto, en la postura típica del faraón egipcio sentado en su trono.

Ahora, visualizaremos una raíz roja que brota de la planta de nuestros pies, hundiéndose en el suelo cada vez más profundamente. Sin embargo, no debemos imaginarla como algo estático, sino como un ser vivo y palpitante, que respira con nosotros mientras que, al vibrar, emite rayos rojos y luminosos. Como alternativa, visualizaremos un triángulo rojo, con el vértice orientado hacia abajo y un gran fuego en el centro. Inspiraremos e imaginaremos que el prana asciende a lo largo de la columna hasta llegar a Sahasrara, y entonces haremos que vuelva a bajar, empujándolo hacia abajo hasta llegar a Muladhara; espiraremos siempre por la nariz en cuatro series, evitando compensar cada soplo con una inspiración imperceptible. En este punto, empezaremos a recitar el bija de Muladhara *(lam)*, mientras empezamos a visualizar en nuestra pantalla mental, en un principio negra, el símbolo del chakra. Al comienzo, se trata simplemente de la forma geométrica, a la que le iremos añadiendo, a medida que nuestra técnica vaya mejorando, todos los detalles: los pétalos, las letras, el elefante y las imágenes divinas.

Como alternativa, podemos también dibujar sobre una cartulina de 50 × 50 cm un círculo con cuatro pétalos, poniendo de relieve los contornos en color negro. En el reverso de la cartulina, repetiremos la misma figura, coloreándola en esta ocasión: el centro violeta y los pétalos verdes. Como es obvio, no se trata de los colores reales del chakra, sino de sus complementarios, de los que el ojo, durante la meditación, obtendrá por contraste la tonalidad natural. Fijaremos durante unos minutos la atención en la silueta del chakra en blanco y negro, hasta que empezamos a sentir fatiga y quemazón en los ojos. Sólo entonces los cerraremos: comprobaremos cómo la imagen tiende a reproducirse espontáneamente en esa especie de pizarra negra que es el campo visual de los ojos cerrados. Ahora, volveremos a abrir los ojos, daremos la vuelta a la cartulina y nos concentraremos en la imagen de colores. Por último, volveremos a cerrar los ojos y descubriremos que la figura verde y violeta, que ha sido reproducida por nuestro campo visual, muestra ahora sus tonos naturales, viendo un loto amarillo con cuatro pétalos rojos. Mantendremos la imagen durante unos instantes, sin esforzarnos, y a continuación sellaremos el chakra visualizando por encima una cruz luminosa, tapándolo con un paño imaginario de luz blanca.

Svadhishthana Chakra

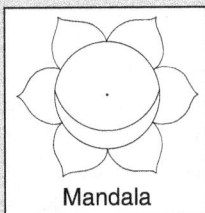

Nombre en sánscrito: Svadhishthana.

Significado: estar en el lugar que a uno le es propio.

Situación: base de la columna, hueso sacro.

Palabras clave: sexualidad, creatividad, seguridad.

Funciones: deseo, placer, sexualidad, procreación, fantasía, creatividad.

Rotación: derecha para la mujer, izquierda para el hombre.

Tattva: agua.

Color del tattva: blanco o azul.

Forma del tattva: media luna.

Número de pétalos: seis.

Color de los pétalos: bermejo.

Letras devanagari: *bham, bam, mam, yam, ram, lam.*

Sílaba sagrada: *vam.*

Vocal: uhh.

Nota musical occidental: *re.*

Nota musical hindú: *ga.*

Música: melódica, folclore.

Divinidades correspondientes: Brahma, Vishnú, Varuna, Rakini.

Características psíquicas: fantasía, mutabilidad, creatividad.

Estado interior: llanto, emociones.

Estado exterior: líquido.

Duración del sueño: 8 o 10 horas.

Postura durante el sueño: acurrucada.

Acciones: sentir, percibir.

Obstáculos: lujuria, tristeza, ilusión, miedo, desesperación.

Glándulas: linfáticas, gónadas.

Partes del cuerpo: órganos sexuales, riñones, fluidos del cuerpo, sangre.

Sentido: gusto.

Enfermedades físicas: trastornos renales y circulatorios, diabetes, nefritis.

Enfermedades psíquicas: ansiedad, ilusión, anulación, impotencia.

Vayu: apana.

Edad: entre 8 y 14 años.

Plano: Bhuvar Loka (plano etérico).

Planetas: Chandra (Luna), Sukra (Venus), Buda (Mercurio).

Signos zodiacales: Cáncer, Libra.

Metales: plata, estaño.

Alimentos: líquidos.

Perfumes: ilang-ilang, sándalo, gardenia, alcanfor, lirio, romero, rosa, geranio, musgo, ámbar gris.

Colores: blanco, anaranjado.

Piedras: ópalo blanco, ámbar, coral, turmalina roja, cornalina, cristal de roca, selenita, topacio, cuarzo citrino.

Animales: cocodrilo, peces, serpientes, criaturas del mar.

Fuerza operante: atracción de los opuestos.

Yoga: Tantra Yoga.

Guna: tamas.

Dirección: Sur.

Flores de Bach: Agrimony, Aspen, Cherry Plum, Clematis, Heather, Holly, Honeysuckle, Willow.

Mandala

Svadhishthana significa, literalmente, «estar en el lugar que a uno le es propio», es decir, «permanecer en uno mismo». De hecho, parece ser que, en un principio, la sede original de Kundalini no fue Muladhara sino Svadhishthana Chakra. Después se produjo la caída que la precipitó hasta el chakra básico. De todos modos, más allá de la leyenda, lo cierto es que Muladhara y Svadhishthana, además de estar muy cerca desde el punto de vista espacial, también están estrechamente ligados en cuanto a su función.

Colocado en la base de la columna, el segundo chakra, conocido también como «plexo sacro», ejerce una notable influencia sobre el cerebro, con la mirada puesta en la esfera del inconsciente. No es casual que, cuando se produce el despertar de Svadhishthana, el practicante atraviese una fase de gran confusión mental en la que sienta desesperación y miedo, y sufra alucinaciones, llegando incluso a caer en la inconsciencia. Todas las experiencias anteriores, los *karma* de las vidas pasadas, las huellas heredadas de los estados evolutivos precedentes, se revelan entonces en un huracán de sensaciones y recuerdos indistintos, aún fluctuantes. Deben salir a la superficie y manifestarse a través de los comportamientos más ilógicos y dramáticos de la pasión: amor, odio, avidez, celos, posesión, cólera. Pero el límite, lo que separa al hombre del animal, es la capacidad de controlar sus instintos, y la sede del divino control es Svadhishthana.

En este punto se concentra todo lo que nunca se ha deseado ni pedido, pero que aun así forma parte de nuestra vida actual, fruto de los *karma* indistintos e inconscientes, cuya vaguedad ni siquiera nos permite analizarlos. No es raro, pues, que el elemento de este chakra sea el agua, adaptable, fluctuante, más instintiva que consciente: la cuna caliente y protectora en la que permanecimos adormecidos durante nueve meses en la oscuridad del vientre materno, el «dulce hogar» del que procedemos. Pero el agua es también el tattva de la fantasía y la creatividad, que interviene cuando la persona comienza a relacionarse y a comunicarse con su familia y los demás seres. Esto explica la presencia del dios Brahma que, junto a Vishnú, actúa como guardián de Svadhishthana. Brahma es la divinidad creadora del mundo y, al mismo tiempo, Hiranyagarbja, «el embrión dorado». En su aura, en forma de inmenso huevo de oro, todas las formas cobran vida a partir de lo indistinto y se dirigen lentamente hacia su propia evolución.

Le acompaña su consorte Sarasvati, la sabiduría, sin la cual el acto de la creación se reduciría a un ejercicio ciego y repetitivo. Además, bajo la apariencia de Rakini, se relaciona estrechamente con el mundo vegetal. De hecho, es durante esta fase de la *sadhana* cuando el practicante observa de manera espontánea una dieta completamente vegetariana.

En lo físico y lo anímico

Como chakra de transformación y de movimiento que es, Svadhishthana se adhiere al nervio ciático, desde donde rige la movilidad de las piernas y regula el sistema *vajroli*, es decir, los riñones, la próstata y los testículos en el hombre, y los ovarios en la mujer. En analogía con el agua y con los ciclos lunares a los que está supeditado, se relaciona también con la ovulación, la circulación y la segregación de todos los líquidos corporales: la sangre, la linfa, los jugos gástricos y el esperma. Además, tal vez debido a la intervención de la saliva, gobierna la lengua y el sentido del gusto, gracias a lo cual el cuerpo distingue lo que le resulta apetecible, bueno o malo.

El niño de edades comprendidas entre los ocho y los catorce años obedece a los impulsos del segundo chakra. Duerme todavía bastante, entre ocho y diez horas al día, a menudo en posición acurrucada, como si aún fuera el feto que chapotea en las aguas maternas. Sin embargo, en lugar de persistir en los comportamientos egocéntricos y defensivos propios de la infancia, busca ahora el contacto y el intercambio con sus familiares y, sobre todo, con los amigos, hacia los cuales, a medida que adquiere conciencia de su propio cuerpo, empieza a experimentar atisbos de deseo.

Esta es la fase de la vida en la que, espoleado por la fantasía, el niño empieza a sentir demasiado angostos los límites de su realidad cotidiana; este es el motivo por el que, si a un estímulo demasiado intenso no se le contrarresta con el necesario sentido de la realidad, desarrollado por el primer chakra, se manifestarán las inquietudes y confusas rebeliones típicas de la adolescencia.

De hecho, bajo el influjo de Svadhishthana, la visión de la vida se vuelve extremadamente romántica. Uno tiende entonces a sobrevalorarse y a concebirse bajo los perfiles del héroe, paladín único del bien en un mundo injusto y cruel.

Pero es justo bajo estos impulsos cuando nacen las mejores acciones, y toda la esfera manual y artística se despierta y fructifica. En analogía con el tattva del agua, el sentimiento empieza a expresarse libremente, como si un río crecido se llevara los obstáculos por delante y purificase las imperfecciones más groseras. Pero, mientras que en el primer chakra la envidia y los celos afectaban al plano material de la posesión, ahora las emociones a las que sobreponerse se orientan ante todo a las capacidades y virtudes ajenas; basta pensar en las agudas crisis adolescentes ante un modelo que no se logra emular (el cantante de éxito, la amiga estilizada, la hermana que destaca en los estudios).

El funcionamiento armónico del segundo chakra se manifiesta siempre a través del fluir espontáneo de las emociones y sentimientos, especialmente hacia personas del sexo opuesto.

A partir del equilibrio con la persona amada, realizado a través de la unión de los opuestos, se origina todo el proceso de armonización y participación con la naturaleza del que brotan las inspiraciones artísticas más elevadas.

Cuando Svadhishthana funciona a la perfección, uno siente la felicidad de vivir y formar parte de la creación que despierta en el corazón sentimientos de entusiasmo y dulce estupor. Los sentimientos son espontáneos e inmediatos, nunca agresivos o competitivos, siempre orientados hacia objetivos creativos.

Funcionamiento excesivo

Quien llora y orina a menudo, quien suspira ante el menor obstáculo, quien se emociona o se ve sometido a fuertes cambios de humor, puede poner la mano en el fuego: sufre un exceso energético en el segundo chakra.

Se trata de un trastorno más bien frecuente durante los años de la pubertad, justo cuando el despertar de la sexualidad genera confusión e incertidumbre. Puede ocurrir entonces que el potencial creativo de la energía sexual, imposibilitado de expresarse espontáneamente, se manifieste de forma discontinua en fantasías y actitudes violentas, o en crisis repentinas de aburrimiento.

Las relaciones con el otro sexo, deseadas y temidas al mismo tiempo, generan fuertes tensiones e inseguridades, limitándose a menudo al simple desahogo sexual, al margen de sentimientos e implicaciones emotivas.

Ninguna de las relaciones emprendidas parece lo bastante satisfactoria, sin comprender que el motivo de la insatisfacción no reside en el compañero o la compañera, sino en nosotros mismos. En casos extremos, las decepciones debidas a una mala experiencia con el prójimo se traduce en actitudes de omnipotencia y desprecio hacia el género humano en general.

Funcionamiento deficitario

Si, por el contrario, los problemas están relacionados con la hinchazón o la falta de deseo sexual, estamos ante una «avería» por defecto: por el chakra circula una cantidad insuficiente de energía, o bien existe pero no se canaliza correctamente. Por lo general, el problema se remonta a la infancia: padres demasiado inhibidos o ausentes, tacaños en sus gestos de cariño y mimos, reprimieron inconscientemente la expansión espontánea del chakra y la receptividad natural a los estímulos y mensajes de los sentidos. El resultado es un adulto incapaz de aceptarse y de creer en sus propios atractivos, siendo más bien frío, inhibido, emotivamente cohibido e incluso insensible a los goces de la sexualidad.

El símbolo

El loto de Svadhishthana tiene seis pétalos de una tonalidad rojiza con toques de carmín, el color del óxido de mercurio con el que el chakra está simbólicamente unido. También su número responde a un simbolismo muy preciso: el seis, resultado del cruce de dos triángulos (uno derecho, el masculino, y otro invertido, el femenino) es el número del amor físico y de la unión de los sexos.

En algunas representaciones, este símbolo incluye un círculo azul claro, del color del agua, emblema de la fluidez de Svadhishthana, más una segunda flor de loto con los pétalos orientados hacia fuera (el conocimiento) y una tercera, que parece replegada sobre sí misma (el inconsciente), con la sílaba sagrada *vam* —el mantra del antiguo dios del cielo, Varuna— inscrita en el centro, en oro. Lo completan una luna en cuarto menguante, Chandra (símbolo del agua y de las mareas emotivas en las que la tierra de Muladhara se disuelve) y Makara, el cocodrilo con las fauces abiertas que hace las veces de montura al dios Varuna.

El cocodrilo, sinuoso y sensual, es cualquier cosa menos inocuo. Azuzado por intensos apetitos sexuales, no duda en recurrir a mil trucos para hacerse con su presa. Makara es la fantasía ondeante, el deseo que se consuma, la pasión engañosa por controlar y detener para ir más allá, el agua oscura del inconsciente en el que germinan las semillas de la conciencia. Pero si el cocodrilo llora cada vez que cede a la pasión, la escuela tántrica no reniega de los instintos y las emociones, e incluso obliga a experimentarlos para poder trascenderlos.

Incluso el símbolo de la luna, por lo demás, parece orientarse en la misma dirección. Gobierna todo lo misterioso, fugitivo, invisible, oscuro. Y, al igual que nuestro satélite influye sobre los ciclos femeninos y las mareas, también los deseos y las pasiones pueden movilizar inmensos océanos de energía. Sin embargo, se trata de un arma de doble filo, como dejan entrever las dos cabezas de la reina Rakini, colocada como guardiana del segundo chakra.

De hecho, si bien por un lado la determinación de obtener algo canaliza la voluntad y promueve a su vez la expansión de la personalidad, por otro esta actitud desplaza la concentración de dentro afuera, poniendo en peligro el equilibrio que es principio y objetivo del yoga.

No es raro, pues, que el guardián de Svadhishthana, Vishnú, represente la función procreadora. Sentado sobre una flor de loto rosa, sostiene cuatro objetos indispensables para apreciar la vida: la caracola que apresa los sonidos del océano; el anillo de luz, emblema del tiempo, que destruye los obstáculos y los desequilibrios; el cetro de metal, que controla la tierra y apacigua los deseos, y el loto, que aplaca los excesos de los sentidos y, aunque ha crecido en el barro, se mantiene siempre puro y luminoso.

Su compañera, la terrible Rakini, inspiradora de toda creación artística y musical, muestra dos caras de un vivo color encarnado y viste un sari

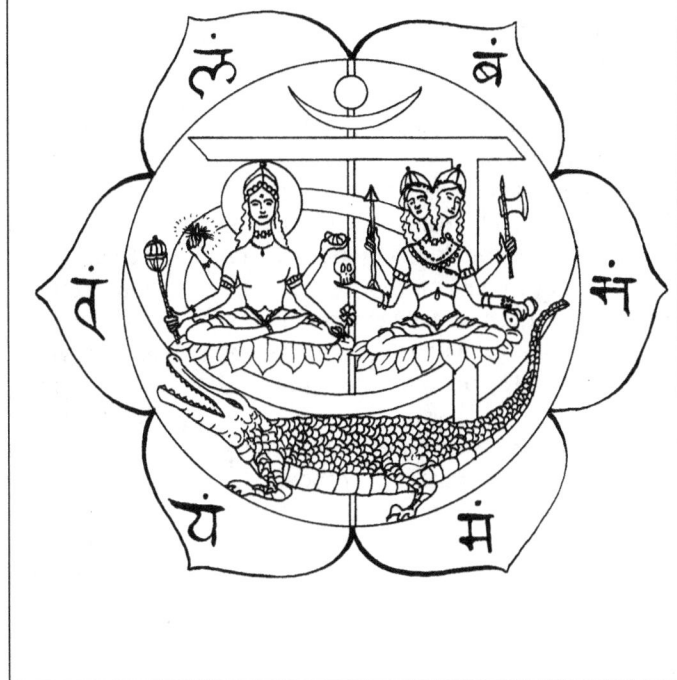

Svadhishthana Chakra

de color rojo fuego, en relación simbólica con la sangre que preside, adornado con joyas. En las cuatro manos tiene, respectivamente, una flecha, lanzada por el arco de Kama, el señor del amor; la calavera, distintivo de la persona romántica, víctima de las emociones; el tambor, que subraya el poder de la música y del ritmo sobre Svadhishthana; y una hacha, con la que abate los obstáculos presentes en el segundo chakra.

El despertar del segundo chakra

Así como la luna refleja la luz del sol, la concentración sobre Svadhishthana permite a la mente reflejarse sobre el mundo y la enseña a utilizar la energía creativa, indispensable para progresar liberándose del lastre de los celos, la ira y la concu-

piscencia. Una sensación relajante de pureza y paz permite el despertar del conocimiento intuitivo y de la capacidad de comunicarse con los niveles sutiles.

Además de esto, y en virtud de la unión del chakra con el sentido del gusto, Svadhishthana confiere el poder de degustar todo lo que se desea, para uno mismo y para los demás, conjura la fatiga y la enfermedad y nos vuelve agradables y dispuestos para relacionarnos con el prójimo.

Gritar, dar patadas, luchar, girar la pelvis, llorar, suspirar con fuerza o sacudir la cabeza dejándola caer con energía, son instrumentos con los que puede liberarse la energía de Svadhishthana más o menos conscientemente. También son útiles la natación, el surf, la vela, cantar acompañándose con un instrumento de cuerda, así como todas las técnicas yóguicas propiamente dichas.

Las técnicas

Baño de luna

Elegiremos una postura que nos resulte cómoda, pero no olvidando mantener en todo momento la espalda bien erguida. Colocaremos ante nosotros un recipiente de vidrio o cristal —nunca de plástico— que contenga agua de manantial. A continuación, nos concentraremos en la superficie durante al menos cinco minutos, hundiendo la mirada hasta visualizarnos completamente rodeados de agua, sumergidos en ella.

Ahora, levantaremos el recipiente y beberemos ritualmente tres sorbos, concentrándonos en la sensación de limpieza y frescura que desciende hasta nuestro estómago.

Sumergiremos los dedos e imaginaremos que el agua atraviesa nuestro cuerpo, corre por las venas y lava nuestros músculos y órganos. Acabaremos enjuagándonos la cara y rociándonos los brazos, el cuerpo y el pelo.

Este lavado de las emociones será más eficaz si se realiza durante los días de luna llena. En este caso, expondremos el agua a los rayos lunares durante unas horas, ya que, debido a su excepcional receptividad, se impregna con gran facilidad de la vibración lunar, resultando un tónico de enorme valor para la esfera emotiva. Podemos también sumergir en el agua manos y pies, mientras nos concentramos durante al menos cinco minutos en la imagen de la luna.

Devi Mudra: el gesto de la diosa

Tumbados sobre la espalda, con las piernas estiradas, relajaremos cada fibra, cada músculo de nuestro cuerpo. Ahora, doblaremos las piernas y llevaremos los pies cerca de las nalgas. Separaremos las rodillas, tratando de acercarlas al suelo y sentiremos el estiramiento en el interior de los muslos; pararemos cuando la tensión resulte molesta. Volveremos a juntar las rodillas con suavidad. Además de cumplir una acción positiva sobre el aparato genital y los riñones, Devi Mudra ayuda a controlar las emociones.

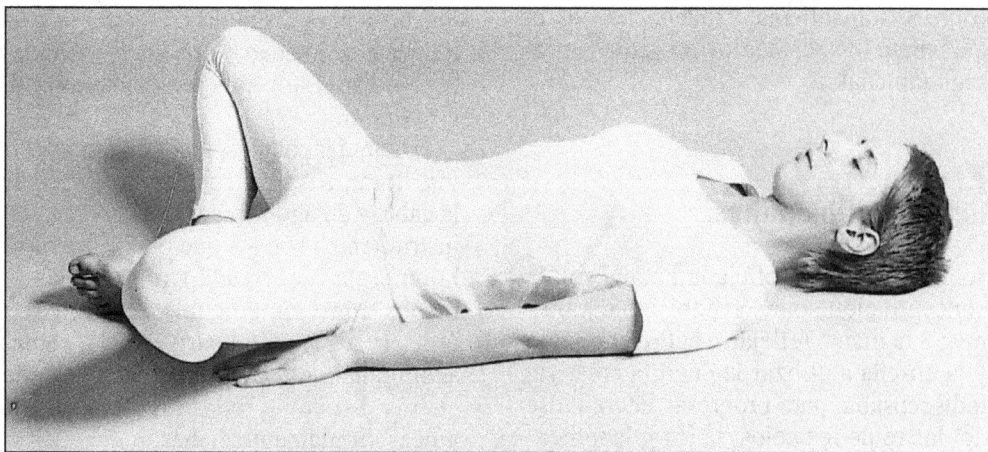

Adityasana: posición de la Madre divina

Nos sentaremos en el suelo con las piernas dobladas y las rodillas separadas. Nos cogeremos los tobillos y uniremos las plantas de los pies. Al inspirar extenderemos la columna; espiraremos y relajaremos los hombros. Lo repetiremos algunas veces, espirando, doblando lentamente el tronco hacia delante y, al mismo tiempo, soltando los tobillos y superponiendo las manos por debajo de la punta de los pies. Para efectuar la posición completa, deberíamos tocar el suelo con la frente y los antebrazos, pero el ejercicio resultará en cualquier caso eficaz. Mantendremos la posición final durante cinco o diez ciclos, y después, con una lenta inspiración, volveremos a levantar la cabeza y después el tronco.

Esta postura actúa sobre el aparato genital, la vejiga y los riñones, favoreciendo además el control emotivo.

Utthita Konasana: posición en ángulo elevado

Sentados en el suelo, con el tronco erguido y las piernas estiradas hacia delante, inspiraremos a fondo, y durante la fase de espiración doblaremos el tronco hacia delante. Cogeremos el lado externo del pie derecho con la mano derecha y presionaremos la rodilla derecha con la mano izquierda.

Mantendremos la postura durante cinco o diez ciclos respiratorios y, espirando, volveremos a colocar la pierna en el suelo.

Utthita Konasana tonifica la musculatura de las piernas y de la espalda y ejerce un acción estimulante sobre Svadhishthana y Manipura.

Dhanurasana: posición del arco

Nos tumbaremos boca abajo, con los brazos a lo largo del cuerpo y la barbilla en el suelo. Inspiraremos y, al espirar, separaremos ligeramente las piernas. Doblaremos las rodillas y nos cogeremos los tobillos con las manos. Inspirando a fondo, arquearemos el cuello y el tronco y, al mismo tiempo, separaremos las rodillas del suelo, elevando todo el cuerpo como un arco.

Mantendremos y, al espirar, volveremos a la fase de partida.

Dhanurasana tonifica los órganos abdominales y los riñones, proporciona elasticidad a la columna, combate la celulitis y aumenta la capacidad respiratoria. No conviene practicarla en caso de hernia, artrosis cervical e inflamación hepática. Actúa sobre Svadhishthana, Maripura y Anahata.

Ustrasana: posición del camello

Nos pondremos de rodillas y con las manos en la cintura, de manera que los pulgares se toquen por detrás de la espalda. Inspiraremos profundamente. Dejaremos resbalar hacia atrás primero la cabeza y después los hombros y el tronco. Estiraremos los brazos hasta cogernos los talones, y entonces empujaremos el abdomen hacia fuera, de manera que los brazos y las piernas queden en paralelo. Mantendremos la posición durante unos cuantos ciclos y, al inspirar, volveremos a levantar lentamente el tronco; espirando, nos sentaremos sobre los talones.

Ustrasana estimula al mismo tiempo Svadhishthana, Manipura y Anahata, tonifica el aparato genitourinario, fortalece la pelvis y la columna y elimina las toxinas. Sin embargo, está contraindicada en caso de hernia discal e hinchazón del hígado o del bazo.

Bhujangasana: posición de la cobra

Nos tumbaremos boca abajo con las manos debajo de los hombros y la frente en el suelo. Inspiraremos mientras levantamos la cabeza, arqueando el cuello, los hombros y el tronco y dejaremos la pelvis pegada al suelo. Nos mantendremos y luego espiraremos volviendo a colocar el pecho, los hombros y la frente en el suelo.

Muy valiosa para el sistema nervioso, los riñones, los genitales y la columna, Bhujangasana está contraindicada en caso de hernia o de artrosis cervical. Estimula a Svadhishthana, Manipura, Anahata y Vishuddha.

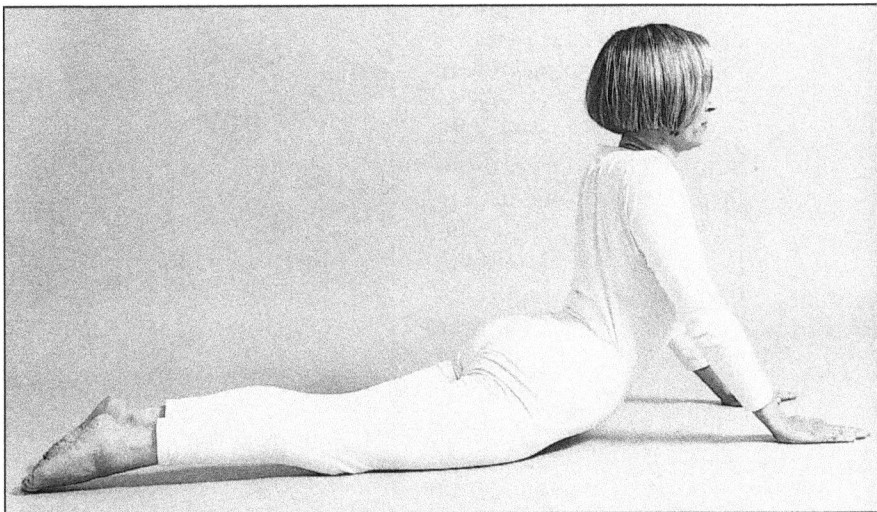

Anjaneyasana: posición del mono

De rodillas, adelantaremos el pie derecho e intentaremos que la pierna quede paralela al muslo izquierdo. Llevaremos el cuerpo hacia delante, cargando el peso sobre el pie derecho, pegado al suelo. Inspiraremos, y pasaremos los brazos extendidos por encima de la cabeza, dirigiendo la mirada hacia arriba. Tras unos ciclos respiratorios, acabaremos espirando, bajando los brazos y sentándonos sobre los talones. Repetiremos el ejercicio sobre el otro lado.

Anjaneyasana, al estimular a Svadhishthana, Manipura y Anahata, adelgaza, proporciona elasticidad a la columna y mejora la capacidad respiratoria.

Natarajasana: posición de Shiva, rey de la danza

De pie, con las piernas juntas, levantaremos el brazo derecho hacia delante y el brazo y la pierna izquierdos hacia atrás. Agarraremos el tobillo y, al espirar, nos inclinaremos hacia delante arqueando la espalda. Tras unos ciclos respiratorios, inspiraremos, enderezaremos el tronco y bajaremos los brazos y las piernas. Cambiaremos de lado.

Natarajasana mejora el equilibrio y la digestión, da elasticidad a la columna y tonifica los músculos de los brazos y de las piernas. Ejerce una acción equilibrante en todos los chakras, salvo el primero y el último.

Ugrasana: posición terrible

Nos sentaremos en el suelo, con las piernas estiradas y las manos apoyadas sobre las rodillas. Al espirar, inclinaremos el tronco hacia delante, tratando de empujar los codos hacia el suelo. Mantendremos la postura durante unos momentos y, al espirar, volveremos a levantarnos lentamente.

Ugrasana tonifica los órganos genitales, los riñones, la columna y el sistema nervioso, favorece la diuresis y alivia la jaqueca. Tonifica y reequilibra a Svadhishthana y Manipura.

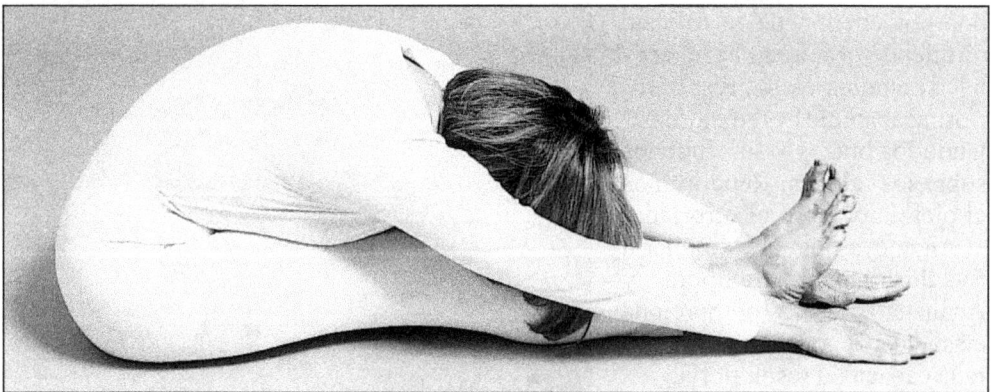

Marichyasana: posición del sabio Marichy

Sentados en el suelo, con las piernas juntas, doblaremos la pierna derecha y llevaremos el talón junto al glúteo. Al espirar, moveremos los hombros hacia la izquierda, llevando el brazo izquierdo por detrás de la espalda; al mismo tiempo, haremos que el brazo derecho, rodeando la pierna derecha doblada, alcance el izquierdo y nos cogeremos los dedos. Permaneceremos así durante unos ciclos respiratorios y repetiremos el ejercicio en el otro lado. A continuación, doblaremos el tronco hacia delante, hasta que la cabeza toque la rodilla estirada.

Esta postura mejora la artrosis, la diabetes, la ciática y el estreñimiento, reduce la obesidad, refuerza la columna y tonifica el hígado y los riñones. Actúa sobre todos los chakras, excepto el primero y el último.

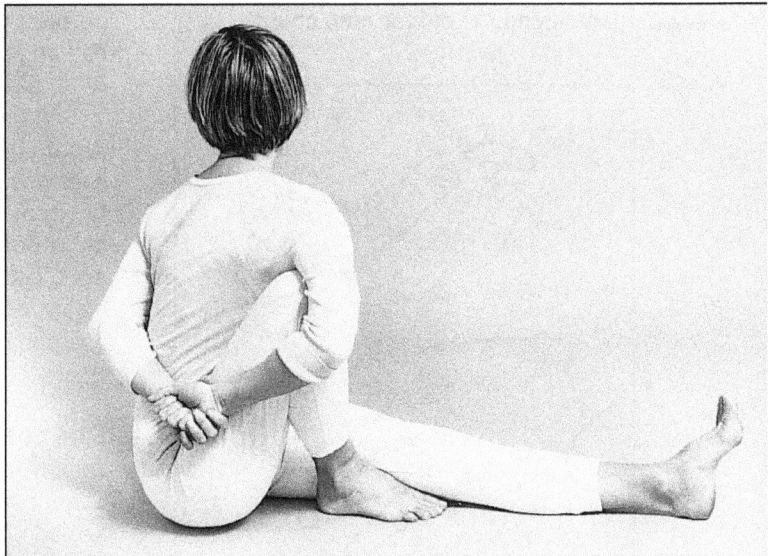

Garbha Pindasana: posición del embrión en el vientre

Sentados en el suelo con las piernas cruzadas, haremos pasar los brazos entre las piernas, empujándolos hacia afuera y, por último, los levantaremos con una espiración. De este modo, el cuerpo se equilibra sobre la zona sacra, mientras que las piernas se acuñan entre los codos.

Garbha Pindasana, con su acción reequilibradora sobre Muladhara, Svadhishthana, Manipura y Vishuddha, tonifica el intestino, atenúa los trastornos visuales y de la garganta y cura la otitis y los resfriados crónicos.

El mudra

Apoyamos la mano derecha en el abdomen, con la palma hacia el cuerpo y los dedos ligeramente abiertos, y la izquierda, en perpendicular, un poco más arriba, manteniendo el pulgar bien abierto.

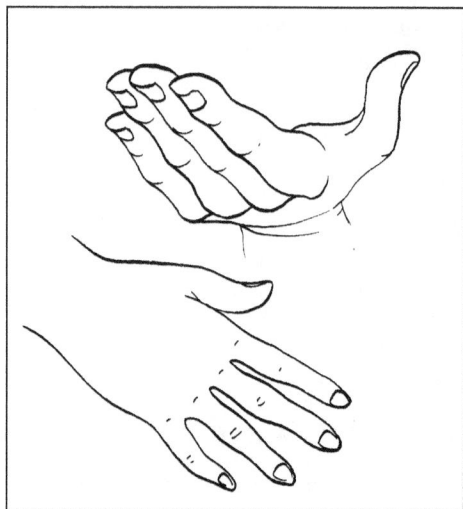

La comida

En correspondencia con el agua y con la luna que lo gobiernan, Svadhishthana requiere una alimentación preferentemente líquida: sopas, leche, yogures, cremas vegetales, tisanas y zumos de fruta, que favorecen el sistema renal, proporcionan acidez a la sangre y ayudan a la eliminación de toxinas. Eventualmente, podemos añadir a la dieta, tres o cuatro veces a la semana, huevos, pescado, marisco o carne de ave.

La música

Svadhishthana se inclina por el género melódico, sosegante, armonioso, vivaz, en perfecta armonía con la alegría de vivir. Ya sea una lánguida música de baile o de alegres tonadas populares (a ser posible, acompañadas por un instrumento de cuerda), lo esencial es saber captar su sana sensualidad y dejar fluir libremente las emociones, demasiado tiempo reprimidas. Es bueno reservarse un tiempo para sumergirse con cierta regularidad en la naturaleza, escuchando el canto de los pájaros y el borboteo del agua.

Siempre al aire libre, vocalizaremos el sonido *uhh*, entonándolo en *re*. Comprobaremos cómo se produce un movimiento circular de la energía que, armonizando la polaridad masculina con la femenina, consume la perfecta unidad que es capaz de despertar las emociones más profundas.

Los colores

Svadhishthana emite una energía blanco azulada, el color de la luna y del agua, si bien, como aconsejan las doctrinas ayurvédicas, el color oculto del agua es anaranjado, porque la bola del sol se zambulle al caer el crepúsculo en el agua del mar.

El anaranjado es el color de los carbones encendidos, del horno alquímico en el que se cuece la sustancia y se transforma sin llegar a quemarse nunca; aporta alegría, vitalidad y bienestar; estimula la energía sexual sin exasperarla, incita a dejarse llevar por los sentidos y libera de los esquemas mentales demasiado rígidos.

Los cristales

Cristal de roca, ópalo blanco o selenita, embebidos de la fértil y soñadora vibración lunar, expanden el potencial emotivo y liberan de la timidez, la rigidez y el miedo, salvaguardando al mismo tiempo el equilibrio hormonal de la mujer.

La turmalina roja, apoyada directamente sobre el chakra, es perfecta para quien padezca bloqueos sexuales.

La cornalina, por el contrario, estimula la energía creativa y la capacidad de asombrarse y conmoverse ante el incesante milagro de la naturaleza.

También el ámbar y el cuarzo citrino tienen un efecto benéfico sobre Svadhishthana: combaten la depresión, alivian las emociones heridas, endulzan las pasiones demasiado crudas y ayudan a aceptar serenamente la propia sexualidad.

Los perfumes

A este chakra le corresponden los aromas naturales de efecto afrodisiaco, como el ilang-ilang, que agudiza las sensaciones y, al mismo tiempo, relaja todo lo necesario para dejarse llevar.

También la madera de sándalo actúa en el mismo sentido, potenciando la sexualidad, estimulando la imaginación y elevando el espíritu a través de la unión física con la persona amada. Con el mismo propósito, perfumaremos el dormitorio, los colchones y las almohadas con esencia de romero, rosa y geranio.

Por el contrario, tanto el musgo como el ámbar gris deben utilizarse con mucha precaución, y únicamente para calmar las disfunciones de Svadhishthana.

La meditación

Sentados con la espalda erguida, sin cruzar piernas ni brazos, efectuaremos unas respiraciones profundas, inspirando por la nariz, reteniendo el aire unos momentos y espirando con fuerza por la boca.

En un primer momento, espiraremos con un soplo continuo y profundo; tras unos minutos, por el contrario, fraccionaremos la expulsión del aire (como

enseña la práctica del Kriya Yoga, que limpia los chakras barriéndolos con la respiración) en seis pequeños soplidos, uno por cada pétalo de Svadhishthana. Pero procuraremos no recuperarlos con otras tantas pequeñas inspiraciones.

Ahora visualizaremos un curso de agua fresca y limpia, un manantial, e imaginaremos que lo recorremos, con los pies sumergidos en el agua.

Completamente refrescados, sumergiremos las manos en forma de copa en el agua, dejándola correr por todo el cuerpo y, por último, beberemos unos sorbos. Nos miraremos las manos: el agua reluce en ellas, brillante como oro líquido; el mismo oro que, corriendo dentro de nosotros, nos va purificando de toda pesadez.

En este punto, empezaremos a vocalizar la sílaba sagrada, *vam*, tratando de advertir su vibración en lo más profundo de nuestro ser. Empezaremos a visualizar el símbolo del segundo chakra, intentando reconstruirlo sobre nuestra pantalla mental, inicialmente negra: primero la forma, después el color, los pétalos y, por último, a medida que perfeccionemos la técnica, todos los detalles.

También podemos ayudarnos dibujando sobre una cartulina (50×50 cm) el símbolo gráfico de Svadhishthana: un círculo anaranjado con un punto en el centro y seis pétalos verdes. No se trata de los colores reales de Svadhishthana, sino de sus complementarios. Para convencernos, bastará con fijarse intensamente en la imagen durante unos minutos, hasta que los ojos empiecen a llorar. Cerraremos entonces los ojos y veremos cómo, por arte de magia, se reconstruye sobre la pantalla visual el loto con sus seis pétalos, aunque esta vez, por contraste, con los colores que le son propios, azul y rojo. Acabaremos imaginando una cruz luminosa que sella el chakra; entonces, lo velaremos con una especie de paño de luz blanca.

Manipura Chakra

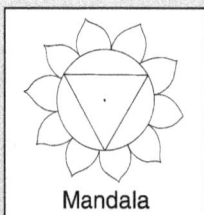

Nombre en sánscrito: Manipura.
Significado: ciudad de las joyas.
Situación: entre el ombligo y el plexo solar.
Palabras clave: afirmación, asimilación, lógica.
Funciones: voluntad, poder.
Rotación: derecha para el hombre, izquierda para la mujer.
Tattva: fuego.
Color del tattva: rojo.
Forma del tattva: triángulo invertido.
Número de pétalos: diez.
Color de los pétalos: amarillo.
Letras devanagari: *dham* (lingual), *dam* (lingual), *ram, tam, tham, dam* (dental), *dham* (dental), *nam, pam, phasm.*
Sílaba sagrada: *ram.*
Vocal: ahh.
Nota musical occidental: *mi.*
Nota musical hindú: *ri.*
Música: género orquestal, instrumentos de cuerda y arco.
Divinidades correspondientes: Lakini, Rudra, Agni.
Características psíquicas: deseo de poder y de gloria, egocentrismo, emotividad incontrolada.
Estado interior: rabia, alegría.
Estado exterior: plasmático.
Duración del sueño: entre 7 y 8 horas.

Postura durante el sueño: tumbado sobre la espalda.
Acciones: poder.
Obstáculos: timidez, miedo a la gente.
Glándulas: páncreas, suprarrenales.
Partes del cuerpo: sistema digestivo, ojos, pies.
Sentido: vista.
Enfermedades físicas: úlcera, diabetes, hipoglucemia, debilidad visual.
Enfermedades psíquicas: sentimiento de superioridad, soberbia, egoísmo.
Vayu: *samana.*
Edad: entre 15 y 21 años.
Plano: Svarga Loka (plano celestial).
Planetas: Ravi (Sol), Kuja (Marte) y, según las tradiciones antiguas, Buda (Mercurio).
Signos zodiacales: Leo, Aries.
Metales: oro, bronce.
Alimentos: almidones, dulces, café.
Perfumes: lavanda, clavo, romero, caléndula, canela, bergamota, ilang ilang.
Colores: amarillo.
Piedras: ámbar, topacio, cuarzo citrino, ojo de tigre, pirita ferrosa.
Animales: carnero.
Fuerza operante: combustión.
Yoga: Karma Yoga.
Guna: rajas.
Dirección: Oeste.
Flores de Bach: Beech, Centaury, Hornbeam, Impatiens, Mimulus, Vine, Wild Oat.

Mandala

El tercer chakra, colocado en las inmediaciones del ombligo, en correspondencia directa con el plexo solar, tiene un nombre realmente emblemático: Manipura, que en sánscrito significa «ciudad de las joyas», mientras que en la tradición tibetana se conoce como Mani Padma, «loto enjoyado».

Se trata, por tanto, de una palabra evocadora de la luz, de los destellos del oro y del calor del sol, como síntesis del fuego, Agni, con el que el chakra guarda afinidad. Y, al igual que el Sol es el centro del sistema solar, el eje, el punto de referencia, así también Manipura es el centro de gravedad del hombre, el sol interior del que obtiene fuerza, estabilidad y calor.

A través de Manipura, entramos en contacto con los demás seres e irradiamos nuestras propias energías emotivas según un principio de simpatía o antipatía, cerrándose ante un peligro externo o, por el contrario, abriéndose en situaciones de bienestar y de sintonía con el ambiente. En este chakra, uno se sobrepone al dualismo para hallar un punto de equilibrio dinámico entre los opuestos, y aquí también uno encuentra la propia identidad social, la medida del propio valor, que trata de reforzar mediante la autoafirmación y la lucha por alcanzar el éxito.

En Manipura, el egoísmo y el altruismo, el polo positivo y el polo negativo coexisten pacíficamente. Aquí, donde convergen lo alto y lo bajo, se afinan, coordinan y, por último, transmutan los impulsos aún bastos de los chakras inferiores, mientras que la riqueza espiritual de los superiores halla la vía de acceso necesaria para manifestarse en el mundo visible.

Con una función comparable a la del hígado, Manipura separa el grano de la paja, el material útil del de desecho. Es inútil combatir obstinadamente contra nuestras propias emociones. Para dar el primer paso hacia la relajación y la apertura del tercer chakra, basta con esforzarse en aceptar nuestros deseos, sentimientos y experiencias personales, porque todo lo que nos ocurre en la vida tiene un sentido que sólo espera ser aclarado. Y, de hecho, en cuanto Manipura empieza a abrirse, cada instante es vivido con una alegría renovada y con la conciencia de que debemos entregarnos en plenitud al aquí y al ahora; el futuro, con sus promesas, aún no nos afecta, mientras que el pasado, que nos ha enseñado tantas cosas, ya lo hemos dejado atrás. Lo que cuenta de verdad es únicamente el presente, lo que estamos viviendo, aprendiendo, sufriendo, amando, y por ello debemos degustarlo hasta el fondo, porque mañana ya será distinto a como es hoy, como, por lo demás, nosotros mismos también seremos diferentes. En las escrituras yóguicas, se cuenta que la luna destila el néctar, el amrita, que consume el sol, lo que provoca el envejecimiento y la decadencia del ser humano. Es la cara negativa de Manipura. La positiva, por el contrario, reside en el hecho de que, una vez despierto, ya no hay ningún peligro de recaída o involución de la conciencia. Manipura es el centro del despertar estable.

Del fuego celeste del sol al fuego interior del organismo —el calor producido por el metabolismo— hay muy poca distancia. Y, de hecho, Manipura ayuda al sistema digestivo, hace circular la sangre y controla la transformación de la comida en energía vital. Según la tradición tántrica y la budista, el auténtico despertar de Kundalini se produce desde Manipura hacia arriba. Hasta esta barrera, la ascensión energética se produce a saltos, como un relámpago que rasga la oscuridad para remitir poco después.

Sólo a la altura de Manipura pueden purificarse los poderes psíquicos adquiridos gracias al despertar de Kundalini, liberándose de las influencias mentales negativas. En Muladhara y Svadhishthana aún predomina el hombre animal; es en Manipura donde se originan las cualidades más elevadas del hombre, dotado de una gran fuerza. Sólo en este punto toma conciencia de las distintas dimensiones de la existencia, de los nuevos mundos que se abren ante él.

Es aquí, en la zona umbilical, donde se encuentran dos de las cinco fuerzas, los Vayu que presiden el mantenimiento de la vida. A través de la inspiración, el prana se desplaza hacia arriba, desde el ombligo hasta la garganta, y le sigue el apana, del perineo al ombligo. Al espirar, las cosas cambian: el prana desciende hacia el ombligo, mientras que la dirección del apana, que tendería de manera natural hacia abajo, puede invertirse a voluntad y, elevándose, reunirse con el prana. En esta unión tiene su origen una fuerza que, conducida hasta Manipura, lo reactiva con una especie de explosión energética. Se realizan así los poderes (las «joyas») a los que alude el término Manipura. No por casualidad, entre ellos se encuentra la capacidad de hallar tesoros escondidos, el conocimiento del propio cuerpo y de su funcionamiento, la liberación de las enfermedades y el control sobre el fuego y, por tanto, sobre el calor interno que preside todas las funciones digestivas y asimilativas.

En lo físico y lo anímico

Todas las enfermedades del metabolismo, con especial referencia a la diabetes y la obesidad, así como a los estados inflamatorios del estómago, del hígado y del bazo, y a los trastornos de ojos, piernas y pies, se deben a un exceso o acumulación de energía en la zona de Manipura.

Cuando el chakra umbilical funciona a la perfección, la persona irradia solidaridad por todos sus poros. Al haber aprendido a aceptarse a sí mismo, con todos los impulsos, emociones y rasgos que lo caracterizan, no siente dificultad en respetar a los demás y deja de juzgar sus cualidades y defectos. Esto le ayuda a sentirse parte integrante del grupo y a armonizar sus propias acciones con las exigencias ajenas. Hasta el punto de que, a pesar de permanecer sustancialmente fiel a su propia naturaleza, invierte una enorme energía en favor de las relaciones sociales, de acuerdo en todo momento con sus leyes interiores. No por nada, el servicio altruista, orientado hacia el bienestar material y espiritual de todos, sin esperar ninguna recompensa a cambio, está considerado como una de las vías más eficaces para llegar a Manipura.

De hecho, para alcanzar el equilibrio perfecto, hay que saber comprender las motivaciones de nuestros propios actos: en este sentido, el camino de la caridad, la acción sin fines egoístas, puede revelarse realmente iluminador. Entonces, la luz amarilla de la comprensión espiritual se transforma de repente en la luz dorada de la conciencia que ilumina la mirada del sabio, y todos los deseos cultivados hasta ese momento dejan de interesarnos para transformarse en aquella realidad luminosa a la que nuestra esencia divina nos ha destinado.

Funcionamiento excesivo

Cuando se trata de alcanzar el objetivo que nos hemos propuesto (conquistar un poder, controlar o manipular la realidad a nuestro antojo), quien sufre la hiperactividad del tercer chakra embiste con la cabeza gacha, como el carnero que lo representa, sin preocuparse de las consecuencias y, menos aún, de las conveniencias sociales. De todos modos, este estilo de vida dinámico y temerario no le basta para protegerse de una inquietud que le hace sentir cada vez más descontento de sí mismo y de su propia vida, desplazado del fluir de los acontecimientos.

Es probable que esta persona, al no sentirse atendida en su infancia, no desarrollara el sentido de su propio valor, lo que, de adulto, le empujaría a buscar de forma desmesurada una afirmación exterior, menospreciando el poder de los sentimientos. En ese caso las emociones tienden a bloquearse para explotar después violentamente, rompiendo los diques como un río crecido.

Orgulloso y sensible a la adulación, se muestra siempre interesado en las apariencias, hasta el punto de que una de sus mayores preocupaciones es seguir la moda y estar al día. Decidido a ser en todo momento el centro de atención, exige un papel de líder en todas las situaciones, aunque, más que con su carisma (que no le falta), tiende a dominar a los demás con gestos iracundos y autoritarios. En no pocas ocasiones, este afán de notoriedad y poder le hace perder de vista los valores familiares, la amistad y la cooperación.

Por lo demás, es precisamente esta actitud de rebelión frente a las tradiciones y las instituciones una de las características de la edad dominada por Manipura, entre los catorce y los veintiún años. Víctima de la obsesión por afirmar su personalidad frente a la de sus padres, el adolescente arremete contra todo, encastillado de manera irracional en posiciones extremas, maniqueas, que excluyen cualquier intento de mediación.

Quien presenta un exceso energético del tercer chakra tiende a dormir menos que en las fases anteriores, acortando el sueño a un máximo de siete u ocho horas, durmiendo casi siempre tumbado sobre la espalda. En la mesa prefiere los alimentos muy fríos o muy calientes, los sabores intensos y los platos condimentados con especias. Además, manteniendo la relación simbólica con el fuego, se mueve con rapidez, suda abundantemente, sufre temblores y con frecuencia su temperatura corporal sube por encima de los treinta y seis grados habituales. Por otro lado, dado que el fuego necesita aire para arder, tiende a almacenarlo en el cuerpo, lo que se traduce en un estómago duro y tenso o un vientre lleno de aire, señales inequívocas de una necesidad exagerada de poder y síntomas de un mal funcionamiento de Manipura.

Funcionamiento deficitario

Cuando Manipura está bloqueado o trastornado, parece como si la luz se apagara de repente. De pronto, la vida carece de sentido, como si fuera un estúpido juego que debe soportarse, sin poder hacer el menor intento por dominarlo.

Una carencia energética en el tercer chakra puede detectarse fácilmente: una mirada triste y apagada, un nerviosismo evidente y una actitud demasiado pasiva, sumisa incluso al jefe más inoportuno, en lugar de tratar de imponerse. La persona, de tan resignada y depresiva, ve cualquier suceso como un obstáculo, y no hace el menor intento por superarlo.

Reprimida desde la infancia, teme inconscientemente perder el afecto de los seres más cercanos, como si sólo arriesgara una toma de posición personal. En su intento de ganarse la benevolencia ajena, trata de corroborar sus opiniones y contentar a todo el mundo. Pero los residuos emotivos que no ha logrado eliminar ahogan la energía del chakra y restan a los pensamientos y emociones la espontaneidad necesaria.

Ante una situación difícil, su primera reacción es el desconcierto, la incertidumbre que le impulsa a escapar para protegerse del riesgo. Lo que más teme es el poder: el miedo de exponerse y el deseo de esconderse se manifiestan, a nivel físico, en un vientre ahuecado, temeroso de hincharse durante la inspiración.

El símbolo

A los ojos del meditante que visualiza repetidamente su forma y colores con objeto de reforzarlo, Manipura Chakra se presenta como un loto rojo de diez pétalos amarillos, con un triángulo invertido hacia abajo inscrito en su interior (como en Muladhara) el cual, a diferencia del simbolismo tradicional del fuego (un triángulo invertido hacia arriba), alude a la polaridad femenina de la energía (Shakti).

Cada uno de los diez pétalos, que lleva inscrita una letra del alfabeto sánscrito, representa a su vez una de las diez terminaciones nerviosas esenciales y las diez fuentes de las que se obtiene la energía que fluye en las diez direcciones. Son los diez prana, los diez soplos vitales y los diez aspectos de Shiva, pero también los diez dedos con los que el hombre manipula el mundo que le rodea y los diez aspectos de la realidad. Sobre cada uno de los tres lados despunta una esvástica, el emblema arcaico del carro solar, considerado desde siempre por casi todas las culturas como un poderoso talismán, y que nada tiene que ver con el tristemente famoso símbolo nazi.

En la parte inferior del triángulo, un carnero con las patas resplandecientes, la montura del dios del fuego, Agni, parece dispuesto a saltar fuera de la imagen, merced al ímpetu de la llama con la que se asocia, para quemar los residuos e incentivar un ciclo de cambios sin final. De hecho, el fuego necesita carburante para arder, por lo que, en un sistema cerrado donde no hay relación con el ambiente, está condenado a apagarse. Si no hay amor por uno mismo ni confianza, ni voluntad ni coraje de vivir, experimentar y equivocarse, el aire que alimenta la llama disminuye y el poder, falto de dirección, se reduce a un sueño, a un privilegio concedido únicamente a los demás.

Completa la imagen la pareja divina que gobierna a Manipura, el dios Rudra y su compañera Lakini, en calidad de benefactora.

Rudra es aquel que separa, el asceta de los tres ojos, la barba de plata y la piel azul alcanfor esparcida de cenizas, señor del Sur y del fuego, en la vertiente destructiva de la llama y en la constructiva del calor que hace madurar los frutos y eclosionar los huevos. La piel dorada de tigre sobre la que se sienta durante su meditación, con expresión iracunda, es una clara alusión a la mente y a los comportamientos coléricos con los que, quien está dominado por el tercer chakra, tiende a controlar a los demás.

Lakini, por el contrario, extasiada y terrible, es quien unifica y relaciona entre sí las partes separadas del todo, ya que con sus tres cabezas mira al mismo tiempo hacia los tres planos del ser (el físico, el astral y el espiritual), mientras que con sus cuatro brazos dispensa dones y ahuyenta el miedo. En una mano empuña una saeta, símbolo de la energía eléctrica del fuego; en la segunda tiene una flecha lanzada por Kama, el dios del amor; la tercera sostiene el fuego, tattva de Manipura; levanta y abre la cuarta, por último, mientras realiza el mudra que elimina toda inquietud.

Manipura Chakra

desarrollan las glándulas endocrinas de las emociones.

Dado que el ombligo es el centro de gravedad del cuerpo, basta con una concentración prolongada sobre él para estabilizar las emociones, mantener la calma incluso en situaciones adversas, mejorar la calidad de vida y prolongarla en el tiempo. Como se puede apreciar, con todo lo que acabamos de decir, «mirarse el ombligo» no siempre tiene connotaciones negativas.

Cuando entra en contacto con el calor del fuego, el egoísmo se atempera, mientras que la fluidez del segundo chakra se condensa en forma de energía transformadora, que tiene capacidad para crear o destruir lo que le rodea.

Entonces, las fantasías se concretan y el practicante despliega una mentalidad organizativa, aprende el arte del autodominio y controla el poder creador y destructor de la palabra, que se consuma en sus propios objetivos.

Diversas y variadas actividades, entre los que podemos citar el jugar a tenis o a baloncesto, practicar esgrima, reír, correr, estimular el chakra con puñetazos ligeros, calentarlo con un masaje, etc. son ejercicios que reactivan, de modo más o menos consciente, a Manipura.

Hay que practicar también varias técnicas de yoga, así como respiraciones, posturas, contracciones y mudra específicas para este chakra.

Una buena ayuda para revitalizar el chakra lo proporciona la repetición del sonido *ram*, que favorece la asimilación y garantiza la longevidad. Para emitirlo de modo correcto, hay que formar un triángulo con los labios, pegando la lengua al paladar y concentrando nuestra atención en el ombligo.

El despertar del tercer chakra

Cuando Manipura se reactiva, la visualización empieza a tener un papel importante en el despertar espiritual. El fuego invade la conciencia y el calor emitido puede percibirse a distancia. Se empieza a comprender y a ver el funcionamiento del propio cuerpo, así como el papel que

Las técnicas

Uddhyana Bandha: contracción del abdomen

Uddhyana (en sánscrito, «volar hacia las alturas») es una contracción del abdomen que, dirigiendo el prana hacia arriba, eleva el diafragma y, los órganos abdominales.

De pie, con las piernas separadas unos 30 cm, doblaremos ligeramente las rodillas y nos inclinaremos hacia delante. Estiraremos los dedos, nos cogeremos las rodillas y bajaremos todo lo que podamos la barbilla hacia el pecho. Inspiraremos a fondo y expulsaremos rápidamente el aire por la boca. Contendremos el aliento sin inspirar, llevaremos hacia atrás toda la región abdomi-nal, hacia la columna, y la elevaremos hacia arriba. Durante la práctica de Uddhyana, no debemos ahuecar el pecho en ningún caso. Levantaremos entonces la parte lumbar y dorsal de la columna vertebral y presionaremos los órganos abdominales en su dirección. Separaremos las manos de las rodillas y, manteniendo la contracción, las apoyaremos un poco más arriba, sobre el borde de la región pélvica. Después, sin aflojar la contracción ni levantar la barbilla, enderezaremos lentamente la espalda.

Para recuperar la posición normal, relajaremos los músculos abdominales, procurando no mover la cabeza. Cuando el abdomen recupere su posición natural, inspiraremos lentamente.

Uddhyana Bandha no debe practicarse nunca con el estómago lleno. Si notamos tensión en la cabeza o en las sienes nos relajaremos y volveremos a respirar. Uddhyana Bandha tonifica el hígado, el bazo y el páncreas, proporciona vitalidad y facilita el control de las emociones. No debe practicarse durante el embarazo ni en los primeros días de la menstruación.

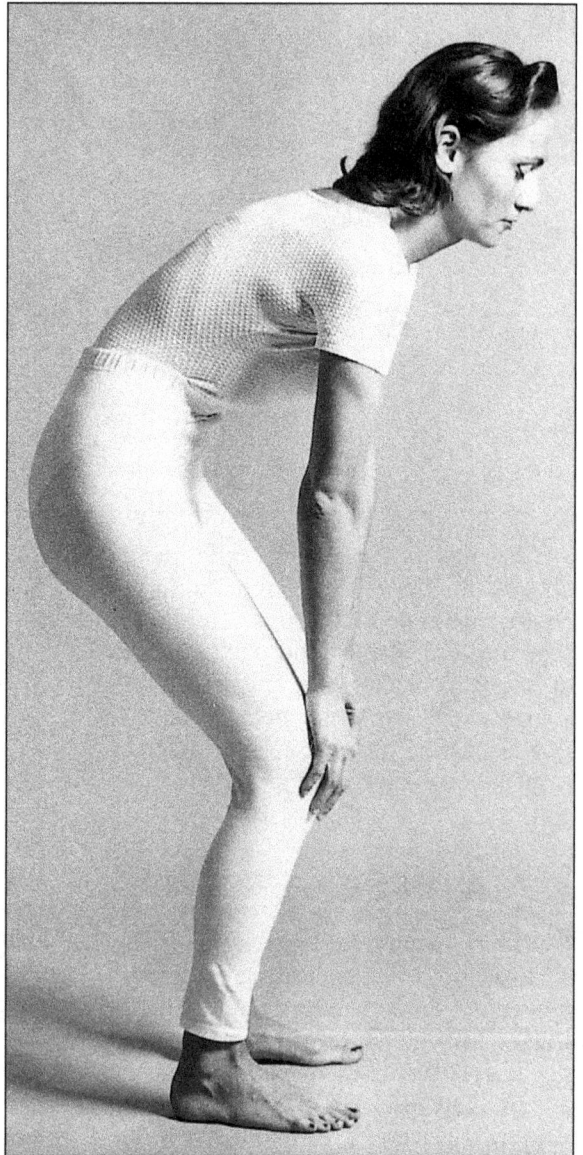

Natya Mudra: el gesto de la danza

Sentados, con las piernas cruzadas, la espalda erguida y las manos en los costados, respiraremos profundamente cinco veces.

Extenderemos lateralmente los brazos, con las palmas orientadas hacia el techo, y entonces doblaremos los codos, de forma que las muñecas queden lo más cerca posible de los hombros. Llegados a este punto, la respiración, siempre lenta, pasa de abdominal a torácica. Empujaremos el aire en el tórax, hinchando lentamente la caja torácica y encerrándolo en su interior, para lo cual imaginaremos que la respiración entra y sale por un pequeño agujero practicado en el pecho. Realizaremos cinco ciclos respiratorios, y entonces, al inspirar, extenderemos los brazos por encima de la cabeza, juntaremos las manos y, al espirar, doblaremos los codos hasta que las muñecas rocen la cúspide del cráneo.

Practicaremos cinco ciclos respiratorios, esta vez muy rápidos, imaginando que inspiramos y espiramos a través de la garganta, como si en el centro hubiera un pequeño agujero que permitiese la entrada y salida del aire. Por último, con una inspiración elevaremos nuevamente los brazos y realizaremos otras cinco respiraciones torácicas. Volveremos a colocar los brazos en la posición inicial y acabaremos con cinco respiraciones abdominales.

Natya Mudra, al estimular a Manipura, Anahata y Vishuddha, desarrolla la caja torácica y mejora la respiración. Además, robustece los brazos, las muñecas y los hombros, y tonifica todos los músculos pectorales.

Halasana: posición del arado

Tumbados boca arriba, con los brazos estirados. Inspirando, levantaremos las piernas, hasta formar un ángulo recto. Espiraremos de nuevo y haremos fuerza con las manos para levantar la pelvis y llevar las piernas, perfectamente estiradas y juntas, por encima de la cabeza, hasta tocar el suelo con los pies.

Mantendremos la posición durante cinco o diez ciclos respiratorios; levantaremos los pies a la vez que inspiramos y volveremos con el tronco al suelo y las piernas en ángulo recto; por último, espirando, recuperaremos la posición inicial.

Halasana estimula las glándulas endocrinas y masajea también todos los órganos abdominales, descongestionando el hígado y el páncreas. Sin embargo, está contraindicada en caso de hernia discal, desviación de la columna vertebral, hipertiroidismo e inflamación de la cara y de la garganta. Su correcta ejecución revitaliza todos los chakra, a excepción de Muladhara y Svadhishthana.

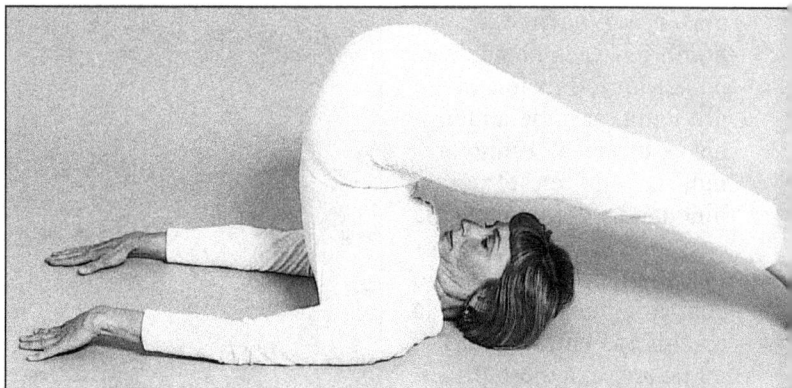

Paripurna Navasana: posición de la barca

Nos sentaremos en el suelo, con las piernas juntas y las manos en los muslos. Inspirando, pondremos las manos en el suelo y, al espirar, levantaremos las piernas, perfectamente estiradas, desplazando el peso del cuerpo hacia atrás y, con los brazos estirados, llevaremos las manos a los laterales de las rodillas, de manera que los pulgares puedan sostener el peso de las piernas.

Paripurna Navasana deshincha el abdomen, masajea todos sus órganos y robustece las zonas lumbar y sacra. Está contraindicada en caso de inflamación del hígado.

Dandasana: posición del bastón

Nos tumbaremos boca arriba, con los brazos a lo largo del cuerpo y las piernas y los pies juntos. Con una inspiración lenta y profunda, llevaremos los brazos estirados por encima de la cabeza. Contendremos durante unos instantes la respiración, y espiraremos lentamente. Permaneceremos en esta posición durante 10 ciclos respiratorios, y después devolveremos los brazos lentamente a su posición junto al cuerpo.

Dandasana tonifica el sistema respiratorio, robustece todos los músculos abdominales y corrige las desviaciones leves de la columna. Además de sobre Manipura, actúa también sobre Anahata y Vishuddha.

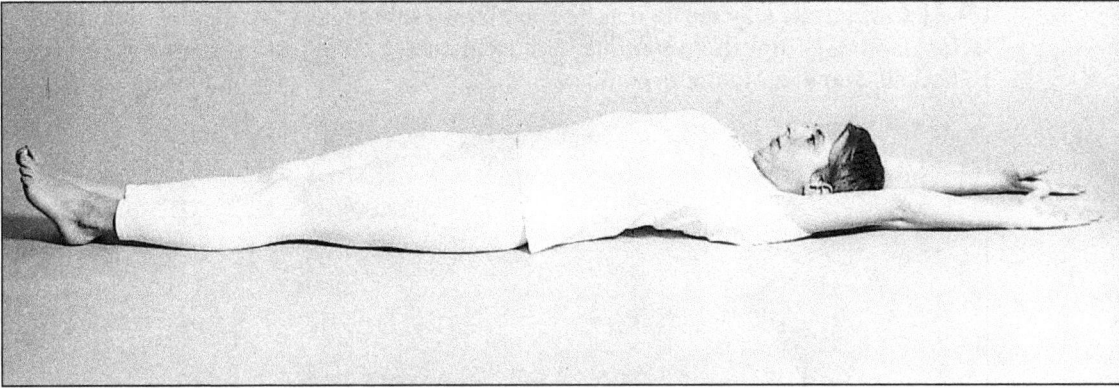

Tulitasana: posición de la balanza

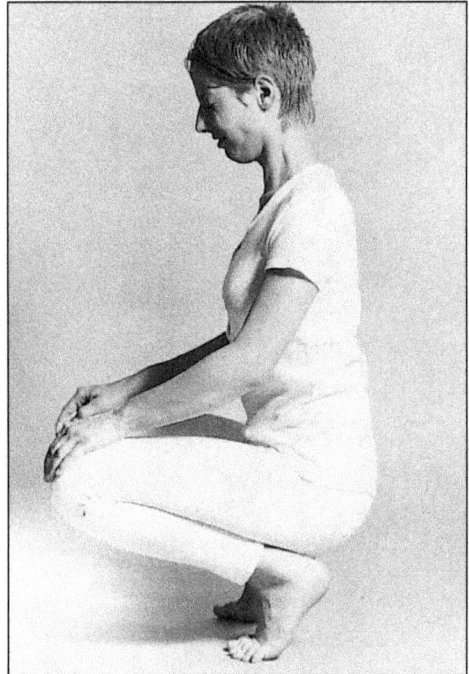

De pie, con las piernas ligeramente separadas, practicaremos una inspiración profunda; al espirar, doblaremos las piernas, levantaremos los talones y cargaremos el peso del cuerpo sobre las puntas de los pies. Nos sentaremos sobre los talones, relajaremos los brazos y apoyaremos las manos sobre las rodillas. Mantendremos la posición durante diez ciclos respiratorios, concentrándonos en el soplo que entra y sale del abdomen. Tulitasana, que actúa simultáneamente sobre Manipura y Anahata, fortalece los músculos pélvicos y de las piernas, elimina los calambres de los pies y proporciona elasticidad a los tobillos. No presenta contraindicaciones.

Parsvavirasana: posición del héroe

De pie, con las piernas separadas, juntaremos las manos por detrás de la espalda, con los dedos hacia arriba. Al espirar, moveremos el tronco y la pierna derecha hacia la derecha, de manera que el pie derecho quede en ángulo recto respecto al izquierdo. Inspiraremos arqueando levemente la espalda y el cuello hacia atrás; después, con una espiración profunda, doblaremos el tronco hacia delante. Primero, paralelamente al suelo, y después, tras inspirar nuevamente, lo doblaremos hacia delante con una espiración, hasta tocar las rodillas con la frente. Lo repetiremos sobre el otro lado.

Parsvavirasana ejerce un masaje beneficioso sobre todos los órganos abdominales, facilita la digestión, tonifica la musculatura y endereza los hombros caídos. Estimula tanto a Manipura como a Anahata.

Bhastrikasana: posición del mastique

Tumbados en el suelo boca arriba, respiraremos profundamente. Doblaremos las rodillas juntas, levantando los pies del suelo y nos cogeremos los dedos. Al espirar, doblaremos los brazos hasta que las rodillas toquen el pecho. Lo repetiremos tres veces sin separar las manos de las rodillas.

Espiraremos y de nuevo ponemos las piernas en el suelo.

Bhastrikasana masajea los órganos abdominales y facilita la digestión y la evacuación y estimula tanto a Manipura como a Anahata.

Setu Bandhasana: posición del puente

Nos tumbaremos boca arriba en el suelo, con las piernas separadas. Las doblaremos hasta cogernos los tobillos con las manos, mientras los pies se pegan al suelo. Con una inspiración lenta, levantaremos la pelvis haciendo fuerza sobre los brazos y descargando el peso sobre hombros y pies. Permaneceremos así y, con cada respiración, trataremos de empujar la pelvis un poco más arriba. Por último, espiraremos y volveremos lentamente al suelo.

Setu Bandhasana robustece y la columna, tonifica la musculatura y potencia la respiración. Estimula a Manipura a Anahata y a Vishuddha.

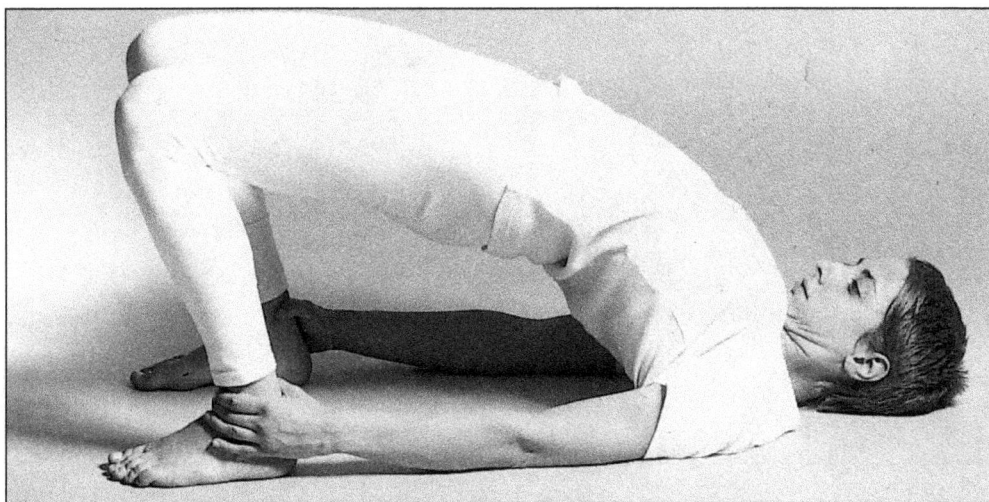

Utkatasana: posición potente

De pie con las piernas juntas, estiraremos los brazos hacia delante, con las manos extendidas y los pulgares entrelazados. Con una inspiración profunda, los levantaremos y los llevaremos, perfectamente estirados, por encima de la cabeza. Espiraremos y doblaremos las rodillas, sin cambiar la postura de la parte superior del cuerpo. Hay que evitar levantar los talones o abrir las rodillas. Mantendremos la posición durante cinco o diez ciclos respiratorios, y estiraremos las piernas, colocando los brazos a lo largo de los costados.

Utkatasana proporciona elasticidad a la columna, masajea el corazón, tonifica todos los órganos de la respiración y corrige las imperfecciones de las piernas y de los pies. Estimula los chakras Manipura, Anahata y Vishuddha.

Trikonasana: posición del triángulo

De pie, con las piernas separadas, levantaremos lentamente los brazos y, con una inspiración profunda, los pondremos en línea con los hombros. Espirando lentamente, doblaremos el tronco hacia la izquierda hasta cogernos con la mano derecha la pantorrilla o el tobillo. El brazo izquierdo debe quedar bien estirado en alto, con la palma de la mano hacia dentro. Estiraremos bien las piernas y fijaremos la mirada en la punta de los dedos. Nos mantendremos durante cinco ciclos respiratorios, y al inspirar, volveremos a levantar el tronco y colocaremos los brazos a la altura de los hombros. Repetiremos hacia el otro lado.

Trikonasana potencia la respiración.

Tonifica la musculatura de la espalda y de las piernas, y corrige sus imperfecciones; además, proporciona elasticidad a los tobillos.

Estimula a Manipura y a Anahata.

Jathara Parivartanasana: posición que mueve el abdomen

Nos tumbaremos boca arriba, con los brazos abiertos y las palmas orientadas hacia arriba. Inspirando, doblaremos las rodillas juntas y levantaremos los pies del suelo. Con una espiración lenta y profunda los llevaremos hacia la derecha y los pegaremos al suelo.

Mantendremos la postura durante cinco ciclos respiratorios; después, recuperaremos la posición supina. Repetiremos el ejercicio sobre el lado izquierdo.

Jathara Parivartanasana tonifica el hígado, el bazo, el páncreas y el intestino. Elimina los dolores de estómago y de espalda y reduce la adiposidad de los costados.

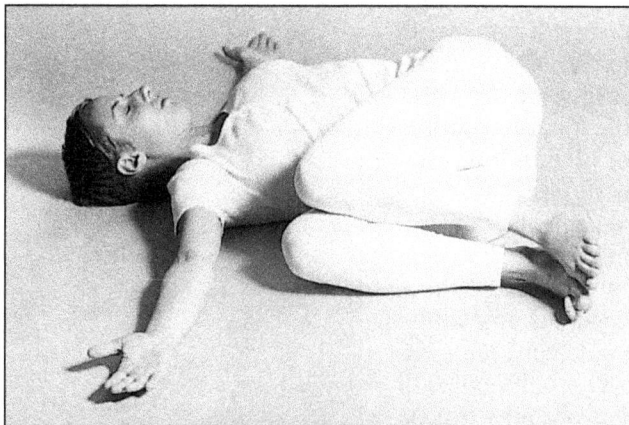

Utthita Parsvakonasana: posición lateral extendida en ángulo

De pie y con las piernas separadas, estiraremos los dos brazos hasta que queden paralelos al suelo. Giraremos el pie izquierdo 90° hacia la izquierda y haremos que el derecho le siga ligeramente. Doblaremos la pierna izquierda hasta que el muslo quede paralelo al suelo. Espirando, moveremos la pelvis hacia la izquierda y la bajaremos, llevando la palma de la mano izquierda más allá del pie izquierdo.

Mientras, la pierna derecha deberá permanecer estirada, mientras que la axila izquierda irá a apoyarse sobre el lado exterior de la rodilla izquierda. Estiraremos el brazo derecho por encima de la cabeza, perpendicular al suelo, dirigiendo el rostro en la dirección de la mano derecha. Mantendremos la postura durante cinco ciclos y volveremos a la posición inicial. Lo repetiremos con el otro lado.

Utthita Parsvakonasana elimina el exceso de adiposidad, combate la artritis y la ciática y mejora el porte en general.

El mudra

Es un gesto muy sencillo. Estiraremos el dedo índice de ambas manos, doblando todos los demás dedos. La punta del índice forma un anillo al tocar el extremo del corazón, mientras que el anular y el meñique están colocados a la misma altura y respetan la disposición de este último.

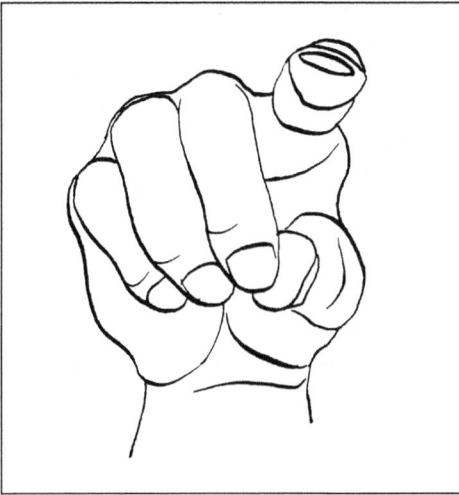

La comida

Una dieta orientada al desarrollo armónico de Manipura debe comprender una buena proporción de almidones. Se trata de elementos nutritivos de alto poder energético pero que, en virtud de su unión con el fuego, se queman enseguida. El almidón derivado de los cereales integrales, que se asimila más lentamente que el de los cereales refinados, ofrece una garantía adicional, y es que no provoca esos característicos vacíos energéticos que nos asaltan de improviso tras la ingestión de productos blanqueados químicamente, como es el caso del azúcar blanco o los alimentos energéticos industriales.

La música

Para activar el tercer chakra, necesitamos un ritmo violento, subrayado por instrumentos de viento (trompa, saxofón, clarinete, flauta): una música orquestal de tonos intensos, hasta el punto de sentirlos vibrar en el abdomen. La pronunciación del sonido *ahh* nos ofrece una ayuda de gran valor.

Los colores

La contemplación de Manipura necesita el oro. Puede tratarse de la luz dorada de una puesta de sol, o bien del amarillo cálido de los girasoles, o incluso del oro intenso de un campo de trigo maduro, en los que podemos perder la mirada, sentados con la espalda erguida. Además de infundir vitalidad y alegría, el amarillo incide sobre el plano mental, refuerza el sistema nervioso, alivia la fatiga intelectual, facilita la comunicación emotiva con el exterior y ayuda a implicarse más activamente en la vida.

Los cristales

El ojo de tigre, que, como todas las piedras jaspeadas, vibra en la frecuencia de Mercurio, agudiza la mente y ayuda a reconocer los errores cometidos.

El topacio tiene una acción similar, puesto que proporciona conciencia, atención y entusiasmo, libera de las preocupaciones y permite superar los estados de ansiedad.

También el ámbar, dotado de la cálida intensidad del sol, trabaja sobre la comprensión, infunde vitalidad, y confianza y purifica el organismo, reequilibrando el sistema endocrino y el aparato digestivo.

El cuarzo citrino, por el contrario, confiere seguridad y apoyo en la consecución de los objetivos, favoreciendo además el bienestar material, aún determinante en Manipura. Colocado en directa correspondencia con el chakra, facilita la eliminación de las toxinas, revitaliza el sistema nervioso y contribuye en la terapia de la diabetes.

Los perfumes

La esencia adecuada para Manipura puede ser vaporizada mediante un atomizador, vertida directamente en el agua de la bañera o diluida en aceite de oliva, para frotarse directamente sobre el chakra en sentido horario.

La lavanda, gracias a su efecto calmante, se utiliza en caso de hiperactividad de Manipura, puesto que libera las emociones bloqueadas y ayuda a liquidarlas.

En los casos de insuficiencia se aconseja, por el contrario, el romero, ya que combate la pereza, o bien la bergamota o el ilang ilang, dotado de una fragancia solar, que refuerzan la energía vital irradiando confianza y autoestima.

La meditación

De pie, con las piernas ligeramente separadas, contraeremos el abdomen una o dos veces, tratando de empujar el aire inspirado lo más abajo que podamos. Practicaremos entonces el Kriya, la respiración que limpia el chakra, espirando a través de la nariz el aire inhalado en diez pequeños soplos.

Ahora nos sentaremos con el tronco erguido y los ojos cerrados. Visualizaremos ante la cara una nubecilla dorada cuya luz penetra en nuestro interior, a través de la nariz, con cada inhalación. Observaremos su brillo mientras baja por la garganta, nos llena los pulmones, llega hasta el esófago, el estómago y el abdomen. Todo nuestro cuerpo se va llenando de luz, y en esta nueva e insospechada claridad se abre una cavidad ante nuestra mirada, justo a la altura del chakra. Sin dejar de inspirar para imaginar la luz, nos desplazaremos con la imaginación hasta el borde de esta vorágine y miraremos hacia el fondo. Veremos relucir cristales transparentes, rosas y amarillos, que con cada respiración, y a medida que la luz nos va llenando, aumentan en cantidad y brillo, hasta ocupar gradualmente todo el vacío.

También podemos dibujar en una cartulina blanca, por una parte en negro y por la otra de colores (loto verde y pétalos violeta), un círculo con un triángulo invertido rodeado de diez pétalos en su interior.

Fijando primero la imaginación en la imagen en blanco y negro, y después en la coloreada, reproduciremos sobre nuestra pantalla mental una idéntica, pero esta vez, por efecto de la acción complementaria, del color adecuado al tercer chakra: rojo en el centro y amarillo en los pétalos.

Acabaremos cubriendo la visión con un velo de luz blanca, santiguándonos y repitiendo tres veces consecutivas la sílaba sagrada *ram*. Sólo en este momento volveremos a abrir los ojos, nos frotaremos las manos y los dedos y nos masajaremos con fuerza el abdomen en el sentido de las agujas del reloj.

Anahata Chakra

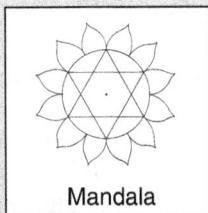
Mandala

Nombre en sánscrito: Anahata.
Significado: invulnerable, o no afectado.
Situación: en el centro del tórax.
Palabras clave: amor, armonía, devoción, altruismo, paz, participación, compasión, equilibrio, ternura.
Funciones: apertura, unión, generosidad.
Rotación: derecha para la mujer, izquierda para el hombre.
Tattva: aire.
Color del tattva: gris verdoso o humo.
Forma del tattva: estrella de seis puntas.
Número de pétalos: doce.
Color de los pétalos: verde o rosa.
Letras devanagari: *kam, kham, gam, gham, gnam, cam, cham, jam, jham, nam, tam, tham.*
Sílaba sagrada: *yam.*
Vocal: ai.
Nota musical occidental: *fa.*
Nota musical hindú: *ma.*
Música: clásica, religiosa o New Age.
Divinidades correspondientes: Ishana Rudra, Vishnú, Lakshmi, Krishna, Kama, Vayu.
Características psíquicas: alegría, afectuosidad, afabilidad, buen gusto, generosidad, disponibilidad, aunque también miedo de exponerse, frialdad, insensibilidad y cerrazón.
Estado interior: amor, compasión.
Estado exterior: gaseoso.

Duración del sueño: entre 5 y 6 horas.
Postura durante el sueño: sobre el costado izquierdo.
Acciones: amar.
Obstáculos: ansiedad, inquietud, superficialidad, aturdimiento, envidia.
Glándulas: timo.
Partes del cuerpo: pulmones, corazón, brazos, manos, piel, sangre.
Sentido: tacto.
Enfermedades físicas: hipertensión, enfermedades cardíacas y pulmonares.
Enfermedades psíquicas: indiferencia, rechazo, egoísmo, masoquismo.
Vayu: prana.
Edad: entre 22 y 31 años.
Plano: Manas Loka (plano del equilibrio).
Planetas: Sukra (Venus).
Signos zodiacales: Leo, Libra.
Metales: cobre.
Alimentos: brotes, nueces, miel.
Perfumes: lavanda, jazmín, mejorana, milhojas, reina de los prados, sándalo, rosa, pino, madreselva.
Colores: rosa, verde, oro.
Piedras: esmeralda, turmalina, cuarzo rosa, jade.
Animales: antílope, gamo, pájaros.
Fuerza operante: equilibrio.
Yoga: Bhakti Yoga.
Guna: sattva o rajas.
Dirección: Este.
Flores de Bach: Agrimony, Centaury, Red Chestnut, Star of Bethlehem, Vervain, Water Violet.

Si bien es cierto que la energía serpentina alcanza un nivel estable en el chakra Manipura, para que el despertar pueda considerarse completo se precisa una permanencia prolongada en Anahata. Anahata es el centro del corazón, en correspondencia directa con el plexo cardíaco, donde resuena el sonido místico «obtenido sin percusión», eco de la primera vibración del cosmos a punto de manifestarse y, de hecho, vibra con un ritmo constante e ininterrumpido al igual que el corazón, con un sonido similar a una chispa eléctrica que no tiene nada que ver con lo físico. Y constante e ininterrumpido es también, en el antiguo idioma de los indios, el significado de su nombre: *anahata*, o sea, «no afectado», «invulnerable». Y es que, cuando Anahata se conserva puro, ya no se necesitan ni escudos ni defensas: una vez superadas las pruebas iniciáticas de los tres primeros chakras (la rabia, la tristeza y el miedo), el amor puede por fin fluir libre y alegremente, con la certeza de que sólo recibirá amor.

En esta especie de nudo, entre los tres chakras inferiores y los tres superiores, la creatividad de Shakti, simbolizada por un triángulo invertido, se entrelaza con la conciencia de Shiva, el triángulo recto. Así nace una forma densa, llamada «Estrella de David», por los rabinos de Israel, que han hecho de ella un poderoso talismán. Unidas en la eterna danza de la creación, las dos polaridades opuestas y complementarias, el fuego que tiende hacia arriba y el agua que tiende hacia abajo, lo masculino y lo femenino, la montaña y la caverna, irradian amor, que se convierte en la contraseña del chakra.

Hay que decir que no se trata de un amor dirigido hacia un único objeto, como ocurría con la pasión sexual experimentada a través del segundo chakra, sino más bien de un amor universal. Es la gozosa aceptación de nuestro propio papel entre los demás, el equilibrio alcanzado a través de la coincidencia de los opuestos, la paz profunda, sin más contrastes, que mana de la ausencia de necesidades, una vez que nos han sido completamente concedidas: el yo en perfecta armonía consigo mismo y con el Todo.

Anahata es un chakra particularmente delicado, más sensible que cualquier otro a la calidad energética del ambiente que nos rodea. De hecho, más allá del corazón, de la piel, del tacto y de las manos, este chakra resuena en correspondencia directa con la zona del cerebro que propicia la creación artística, ya se trate de música, pintura o escultura. Tanto es así, que los efectos más evidentes del despertar de Anahata se dan a nivel expresivo: mejora la elocuencia, la capacidad de «jugar» con las palabras y se refina la sensibilidad a la belleza, al color, a la poesía de los sentimientos y de la naturaleza. A estos dones, los textos antiguos añaden otro: la satisfacción de todos los deseos.

Hasta el nivel evolutivo de Manipura, el límite entre la inmutabilidad del destino, la necesidad y el libre albedrío, es decir, el deseo, la voluntad individual, puede resumirse en pocas palabras: «Acepta gustosamente cualquier cosa que te haya reservado el cielo y la harás realidad». Nos encontramos todavía dentro de los límites del pensamiento positivo que, con la ayuda del *parabdha karma*, el fruto de las existencias ya vividas, contribuye a que germine lo que está establecido por los planos elevados. Pero sólo a partir de Anahata se penetra en el campo de la acción mágica propiamente dicha, que hacía afirmar a los romanos *sapiens dominabitur astra*, es decir, «el sabio es capaz de dominar los astros» y, por tanto, modificar el curso de los acontecimientos.

En Anahata, la voluntad, la conciencia, la actitud individual frente a la vida y de hecho todo en general aumenta su velocidad hasta proyectarse hacia donde una persona corriente no puede acceder. Sólo entonces el practicante se convierte en *yogui*, pues en este nivel energético deja de estar condicionado por el hado para depender exclusivamente de los poderes de su propia conciencia.

Y, ¿qué es la conciencia, sino una chispa divina, un hilo directo con lo Absoluto? No por nada, el tattva de Anahata es el aire, el más móvil y ligero de los elementos: fresco, inodoro, insípido y desvinculado de ataduras y constricciones. El aire que se respira allí donde la naturaleza prevalece sobre el hombre, capaz de purificarlo y espolearlo, puesto que está muy cargada de iones negativos, del prana que preserva la vida. Sin el aire, el pájaro no podría mover sus alas y el vacío sería absoluto.

Quien alcance el nivel de Anahata, y se deje llevar por actitudes negativas, o ansiosas, provocará una caída de la que no podrá recuperarse. Este es el motivo por el que cuanto más intenso es el poder, mayor debe ser la vigilancia y más puros los deseos. Pero, si bien es cierto que el miedo atrae aquello que tememos y el pesimismo no hace más que atraer mayores desgracias, el antídoto es el pensamiento positivo. La confianza es el mejor artífice de la suerte: téngalo bien presente quien se disponga a activar Anahata.

En lo físico y lo anímico

Es la época del amor, comprendida más o menos entre los veintidós y los treinta y un años, la fase de la vida en la que Anahata alcanza la plenitud energética. Más receptivos y abiertos a todas las formas expresivas (cine, teatro, música, literatura), nos embarcamos gustosos en cualquier actividad artística y nos preocupamos, con un mimo incluso exagerado, por nuestro aspecto estético (el peinado, la ropa, el maquillaje). No por nada, nos prestamos a cualquier cosa por puro placer, en una estación propicia para el amor y en la que el corazón late con más fuerza.

Es el periodo en el que se empieza a construir el futuro, a trazar el recorrido de la vida, unos con sus estudios universitarios, otros con su entrada en el mundo laboral, o con el primer coche, el apartamento comprado con un préstamo, la conquista de la independencia de la familia. Y, como máxima aspiración, el amor, un compañero o compañera para siempre con quien vivir, evolucionar, hacer el amor y tener hijos. No se ha descartado que la realización de *bhakti* (la unión con lo divino, del que nos separamos al nacer, gracias a la devoción por todos los seres) pase por la experiencia del amor individual y limitado hacia la pareja, los hijos o el amigo del alma.

Con la activación de Anahata, la persona puede considerarse madura para la relación con los demás seres, ya se trate de la pareja, el grupo o el mundo entero. Pero, al igual que el antílope negro del *yantra* de Anahata corre en zigzag, cambiando a menudo de dirección, el enamorado sueña, se inquieta, incluso escapa, sin haber amado nunca realmente. Sólo después de haber obtenido el control sobre estos aspectos y la conciencia de sus propias responsabilidades, los trastornos emotivos y el enamoramiento se convierte, finalmente, en amor.

El amor de Anahata es, por lo tanto, el amor puro e incondicional, a años luz de la posesión y de la pretensión de recibir a cambio el mismo sentimiento: es un amor aéreo, porque el aire, que es su tattva, tiene toda la flexibilidad, la pureza, la ligereza y la capacidad empática como para poder sintonizar con el ser amado hasta compenetrarnos por completo con él (o ella). Pero no se trata necesariamente de un amor humano. Puede tratarse también de un sentimiento pánico (del dios Pan) de identificación con la naturaleza, aquella sensación exultante de formar una unidad con ella, inmersos en el juego armónico de sus elementos.

Se despierta entonces el estupor ante su perfección, la admiración ante su belleza, reflejada o imitada en la obra de arte del hombre (la poesía, la pintura, la música), a la cual nos hace Anahata particularmente sensibles de repente. El amor de Anahata es el amor surgido de la comprensión y la aceptación al que se refería san Francisco de Asís en su famoso lema «poner la otra mejilla»: un poder increíble, una auténtica fuerza de la naturaleza que basta para neutralizar, con su polaridad positiva, la negativa de la rabia y la desesperación.

La persona en la que Anahata actúe de manera armónica, se reconoce enseguida por sus modales amables y por la simpatía que irradia. En ella, el corazón y la mente, el sentimiento y la intuición, trabajan codo con codo, lo que le permite comprender al otro (incluso antes de conocerlo) y ofrecerle su amor. Basta con mirarle a los ojos para participar de la alegría sincera que desprende, inmune a la turbación, los conflictos y la incertidumbre. Ya sea para pasar a máquina un trabajo académico o para cocer unos humildes macarrones, una persona así pone el alma en todo lo que hace; y esta es la fórmula secreta de su éxito, los polvos mágicos que vuelven especiales todos sus actos.

Funcionamiento excesivo

Cuando Anahata funciona correctamente, la vida social no comporta ningún problema. No se plantean dificultades para relacionarse con los demás, e incluso se comparten sus vicisitudes con buen talante, sin temor a expresar los propios sentimientos o quedar en evidencia.

Los problemas empiezan a manifestarse cuando la inversión emotiva resulta exagerada, hasta el punto de generar ansiedad. El deseo de dar puede ser muy respetable, pero, cuando falta una relación basada en el amor, nunca es completamente desinteresado y, en el fondo,

aun sin reconocerlo, uno acaba esperando algo a cambio (ya sea simpatía, gratitud o benevolencia). Hasta el punto de que basta una decepción ante una descortesía o una falta de reconocimiento para que aquel amor que se creía invulnerable se esfume.

Otras veces, por el contrario, uno se siente fuerte y autosuficiente hasta el punto de no avenirse a aceptar el amor que se le ofrece. La primera reacción, ante la ternura y la atención, es de embarazo: un malestar inexplicable, como si el hecho de dejarse amar fuera una debilidad peligrosa para nuestra imagen.

En el plano físico, el signo de estos «trastornos amorosos» es un tórax muy amplio, como si fuera una coraza protectora contra las insidias del sentimiento. También la postura del sueño es emblemática: retraída sobre el borde de la cama, en una actitud de rechazo y fuga.

Funcionamiento deficitario

El primer signo de carencia a nivel de Anahata es la tendencia a deprimirse sin motivo; el segundo es el rechazo a ser tocado. La cuestión es que, más allá del aspecto erótico o melindroso, la caricia, el beso, el darse la mano son instrumentos de comunicación a los que no debemos renunciar, puesto que son capaces de transmitir amor más allá de las palabras.

Cerrado, más bien frío, indiferente, pero en el fondo extremadamente vulnerable, quien presenta carencias en Anahata se muestra siempre a la defensiva. Querría ofrecer todo su amor, pero el terror a ser rechazado lo bloquea, haciéndole sentir aún más desplazado.

En otras situaciones, por contra, el intento de compensar sus carencias se traduce en el exceso opuesto, con comportamientos incluso demasiado disponibles, hasta rozar el servilismo y el sacrificio. Es el caso de quienes, en nombre de un amor mal entendido por el prójimo, lo disculpan todo y lo dan todo hasta el final. Nunca un no ni una objeción ni un reproche, convencidos de que dan el máximo, sin darse cuenta de que están haciendo lo contrario. Tal es el caso de hijos que han crecido sin aprender a distinguir lo que está bien de lo que está mal, parejas mal acostumbradas e insolentes o «amigos» siempre dispuestos a aprovecharse de una situación demasiado cómoda.

El símbolo

Si el corazón está en el centro del cuerpo, la gran cuenca en la que confluyen todos los recorridos de la sangre, las arterias de ida y las venas de vuelta, al chakra cardíaco, que en cierto sentido es su parte sutil, no podría corresponderle un simbolismo demasiado alejado de él.

De hecho, son dos triángulos entrelazados —la llama que tiende a subir y la gota que tiende a caer— la forma geométrica que mejor sintetiza la función mediadora de Anahata, donde convergen la materia y el espíritu, el macho y la hembra, y las energías telúricas de lo bajo se cruzan y se combinan con las cósmicas de lo alto. Y la única energía capaz de atraer los contrarios y mantenerlos en un equilibrio estable es el amor, el cual, como subrayan todas las tradiciones, tanto doctas como populares, nace y se desarro-

lla en el corazón. No por nada, el loto de Anahata es verde, el color de Venus, la diosa del amor: una mezcla equilibrada de amarillo y azul, de tonos cálidos y fríos perfectamente dosificados. En el loto aparece inscrita la estrella de seis puntas (cada una de las cuales, probablemente, se relaciona con los otros seis chakras), de color gris humo, y con un lago de aguas tranquilas en el centro donde flota Anandakanda, el místico loto azul de ocho pétalos, unidos cada cual con una emoción. En el centro de Anandakanda hunde sus raíces el árbol celestial de los deseos; pero sólo cuando una cosa se desea intensamente, «con todo el corazón», como se suele decir, este árbol mágico concede más de lo que se le pide.

Anahata tiene doce pétalos verdes o rosas, sobre los que despuntan otras tantas letras del alfabeto *devanagari*. Este número representa siempre un ciclo completo: doce meses, doce horas, doce

Anahata Chakra

signos zodiacales, doce aspectos del Sol, o bien los doce Aditya, que aparecen en forma de doce frutos del árbol de la vida. Los completa el bija del aire *yam*, del dios del viento Pavana, que se emite concentrándose en el corazón y manteniendo al mismo tiempo la lengua suspendida en el centro de la boca para que la vibración producida, siempre y cuando el ejercicio se realice correctamente, movilice la energía cardiaca y elimine los bloqueos del tórax que obstaculizan su ascensión.

En el símbolo podemos ver un antílope negro, que simboliza el corazón porque salta alegremente y se deja capturar por el espejismo de las imágenes reflejadas. Así, sus ojos, puros e inocentes, reflejan la condición de quien activa el cuarto chakra: la pureza de pensamientos y sentimientos, la paz, la inocencia de corazón, no ausente, sin embargo, de una buena dosis de carisma. Se cuenta que el antílope pudo morir por culpa de un simple sonido. Y, ¡oh, casualidad!, resulta que la atención al sonido interior es una de las características de la persona sensible al funcionamiento de Anahata.

La divinidad que gobierna a Anahata es Ishana Rudra Shiva, el legendario señor del Noreste, en completo desapego del mundo. Sobre las delicias de la ascesis hablan sobradamente sus tres ojos y su tez azul alcanfor, que representa la naturaleza feliz y libre del apego de quien ha activado a Anahata, puesto que, según el esoterismo oriental, la alegría pertenece al corazón, como la tristeza al pulmón, la ira al hígado y el miedo a los riñones. Pero la piel de tigre que viste recuerda que la felicidad es una conquista duradera sólo para quien haya sabido domesticar al tigre mental, que reina en el bosque de los deseos.

Dotado de un carácter nada agresivo, el pacífico Ishana empuña en la mano derecha el tridente de la sabiduría y en la izquierda el tambor, el instrumento que mejor imita el latido del corazón y la pulsación del universo. No por casualidad, el Ganges que mana de sus rizos es el río refrescante y purificado de la conciencia. Ha conocido las pasiones, que lleva alrededor del cuerpo como serpientes enroscadas, pero él los ha dominado en nombre de la identidad del yo con el Todo, consciente de hasta qué punto son engañosos los placeres, honores y ansias, y, con esta victoria, ha alcanzado la eterna juventud.

Su compañera, Shakti Kakini, tiene mejillas rosadas y un aire satisfecho y feliz en sus cuatro rostros sonrientes, a través de los cuales manifiestan los cuatro aspectos del yo (físico, racional, sensual y emotivo). Armónica y refinada, lo que no le impide presentarse a los mortales ebria de néctar, viste un sari azul cielo y está sentada sobre un loto rosa, desde donde inspira formas artísticas sagradas a las almas más sensibles y predispuestas. En sus cuatro manos sostiene los cuatro instrumentos del equilibrio: el escudo, que protege del peligro del mundo; la calavera, que invita a desconfiar de la siempre falsa identificación del yo con el cuerpo; el tridente, símbolo de las fuerzas de conservación, destrucción y conservación en perfecto equilibrio; y, por último, la espada, indispensable para cercenar los obstáculos que se interponen en la ascensión de la energía.

No es raro que sea justo en Anahata donde se manifieste Shakti Kundalini por primera vez en la forma de una mujer joven y agraciada. Está sentada en posición de meditación en el centro de un triángulo con el vértice orientado hacia arriba, emblema de la ascesis en los niveles de la conciencia más elevados. Vestida de blanco, tiene toda la serenidad y la pureza de la virgen madre, distante pero llena de promesas.

Es el ruido blanco, el sonido sacro del corazón que no se deja captar por los oídos sino que se manifiesta, irrefutable, en el silencio de la meditación.

Algo fundamental ha cambiado, respecto al primer chakra, donde aún aparecía en forma de serpiente adherida al lingam. Kundalini ha evolucionado, le han brotado —por así decirlo— unas alas y se ha transformado de la fuerza parasitaria y destructiva que era antes en una esencia independiente: lo femenino vuelto hacia lo sagrado, presente en todo ser humano, ya sea hombre o mujer.

El despertar del cuarto chakra

El deseo de comunicarse aumenta, la palabra adquiere un nuevo valor; surge un gusto más atento, más sutil por la armonía de los sonidos, de los colores y de las proporciones. Cuando se presentan todos estos signos, resulta evidente que el cuarto chakra se está despertando. La persona adquiere una sabiduría, una fuerza interior y un dominio sobre sí misma desconocidas hasta ese momento. Puede ocurrir entonces que, a la luz del nuevo equilibrio alcanzado entre la parte masculina y la parte femenina del yo, también la relación con el otro sexo, obstaculizada anteriormente por la atracción de los sentidos, fluya ahora en libertad, como rayos de afecto puro y desinteresado, al margen de la malicia y la turbación. Aún más evidente resulta la relación con lo divino, cuya percepción se transforma en un sonido puro y reequilibrador, el sonido del corazón.

Una vez obtenido el mando sobre el elemento aéreo, el practicante que haya conseguido alcanzar el nivel del cuarto chakra habrá ganado el poder de la invisibilidad, la facultad de viajar por el espacio y el acceso espiritual a los cuerpos de otras personas que hacen algunas veces de canales.

Pero la técnica por sí sola aún es suficiente. La apertura del chakra del corazón exige una complicada fórmula, en la que el ejercicio se mezcla con la comprensión. Junto con los asana y la respiración, hay que trabajar por tanto sobre nuestras relaciones y modos de relación con los demás, así como sobre los sentimientos que nos animan al tratar con ellos. Buscar el equilibrio, la paz y la armonía con el prójimo constituye en sí misma una buena meta en el trabajo de pulimentación de la piedra interior: la pérdida o, cuanto menos, la limitación del ego y la capacidad de fundirse con el Todo. No por nada, afirma la *Katha Upanishad*: «Cuando todos los nudos del corazón se han soltado, incluso aquí, en esta naturaleza humana, lo mortal se convierte en inmortal. En esto consiste toda la enseñanza de las escrituras».

Si queremos ayudar a Anahata, no podemos negarnos a compartir. Busquemos el encuentro con los demás, participemos en reuniones, conciertos y excursiones.

Viajemos con nuestros amigos, organicemos comidas o cenas con ellos y, si nos atrae la práctica deportiva, optemos antes por los deportes de equipo que por los individuales. A todo ello, podemos añadir paseos revitalizadores por la naturaleza, durante los cuales aprovecharemos para caminar descalzos por la hierba y recargarnos energéticamente apoyando la espalda y la mano izquierda sobre el tronco de un árbol verde y tupido, y la derecha en el centro del pecho, a la altura del corazón. Además de estas sencillísimas actividades, practicaremos también las obligatorias pero eficaces técnicas orientales: asana, mantra, respiraciones y contracciones.

Vrksasana: posición del árbol

De pie, con las piernas juntas, cargaremos el peso del cuerpo sobre la pierna derecha. Llevaremos la mano derecha sobre el costado y doblaremos la pierna izquierda, cogiéndonos el talón y llevándolo cerca del perineo, de forma que la planta del pie presione el interior del muslo derecho. Estiraremos los brazos; después, con una respiración lenta y profunda, los levantaremos por encima de la cabeza, juntando las manos.

Ahora, espiraremos lentamente y flexionaremos los brazos hasta rozar la cabeza con las muñecas. Para mantener esta postura en perfecta inmovilidad, sin caernos ni oscilar, elegiremos un punto de la pared de enfrente en el que concentraremos la mirada, sin perder la concentración en ningún momento. Recuperaremos lentamente la posición y repetiremos los mismos tiempos sobre el lado izquierdo.

Vrksasana tonifica la circulación, masajea el corazón y refuerza el sistema nervioso. Es particularmente valiosa para quien presente problemas de equilibrio. Estimula los chakras Anahata y Vishuddha.

Paksinasana: posición de la gaviota

Erguidos, con los pies juntos y las piernas bien estiradas, inspiraremos a fondo; a continuación, espiraremos doblando lentamente el tronco hacia delante, empujando los hombros hacia atrás y arquearemos ligeramente el tronco. Al mismo tiempo, estiraremos los brazos hacia atrás, con las manos orientadas hacia arriba. Mantendremos la postura durante cinco o diez ciclos respiratorios, y con una espiración profunda, la posición inicial.

Por su acción combinada sobre Manipura, Anahata y Vishuddha, Paksinasana endereza los hombros y la columna, y afina la musculatura del vientre y las piernas.

Kukkutasana: posición del polluelo

De pie y con las piernas ligeramente separadas, inspiraremos lentamente y, mientras doblamos ligeramente el tronco hacia delante para poner las manos sobre los muslos, realizamos una espiración profunda. Ahora contendremos la respiración, empujando al mismo tiempo el abdomen hacia dentro y la zona sacra hacia arriba. Acabaremos con una inspiración profunda, recuperando la posición inicial. Kukkutasana robustece los músculos abdominales, potencia la respiración y disuelve las formaciones adiposas.

Estimula los chakras Anahata, Manipura y Vishuddha.

Gomukasana: posición del morro de vaca

Nos sentaremos con las piernas separadas y las manos apoyadas en el suelo junto a los costados. A continuación, cargando el peso del cuerpo sobre las manos, levantaremos la cadera, doblaremos la pierna derecha y la cruzaremos sobre la izquierda.

Apoyaremos la mano izquierda sobre la rodilla izquierda, mientras la derecha toca la espalda, con el brazo levantado por detrás de la cabeza y doblado hacia atrás.

Con una inspiración profunda, llevaremos la mano izquierda por detrás de la espalda, doblando el brazo hacia arriba, y empujaremos la izquierda hacia arriba y la derecha hacia abajo hasta que logremos cogernos las manos. Mantendremos la posición durante tres o cinco ciclos respiratorios, y repetiremos el ejercicio en el otro lado. Gomukasana proporciona elasticidad a la columna y a las articulaciones, facilita la respiración, mejora la digestión y previene el acné. Junto con Anahata, reequilibra también a Manipura y Vishuddha.

Talasana: posición de la palma de la mano

Nos colocaremos de pie, con el tronco erguido y las piernas ligeramente separadas. Con una inspiración lenta y profunda, extenderemos lateralmente el brazo derecho, por encima de la cabeza; contendremos la respiración y estiraremos todo el cuerpo, levantándonos sobre los talones. Acabaremos con una espiración bajando al mismo tiempo brazo y talones. Lo repetiremos con el brazo izquierdo, después con ambos brazos estirados por encima de la cabeza y, por último, con los dos brazos cruzados.

Talasana estimula los chakras Anahata y Vishuddha.

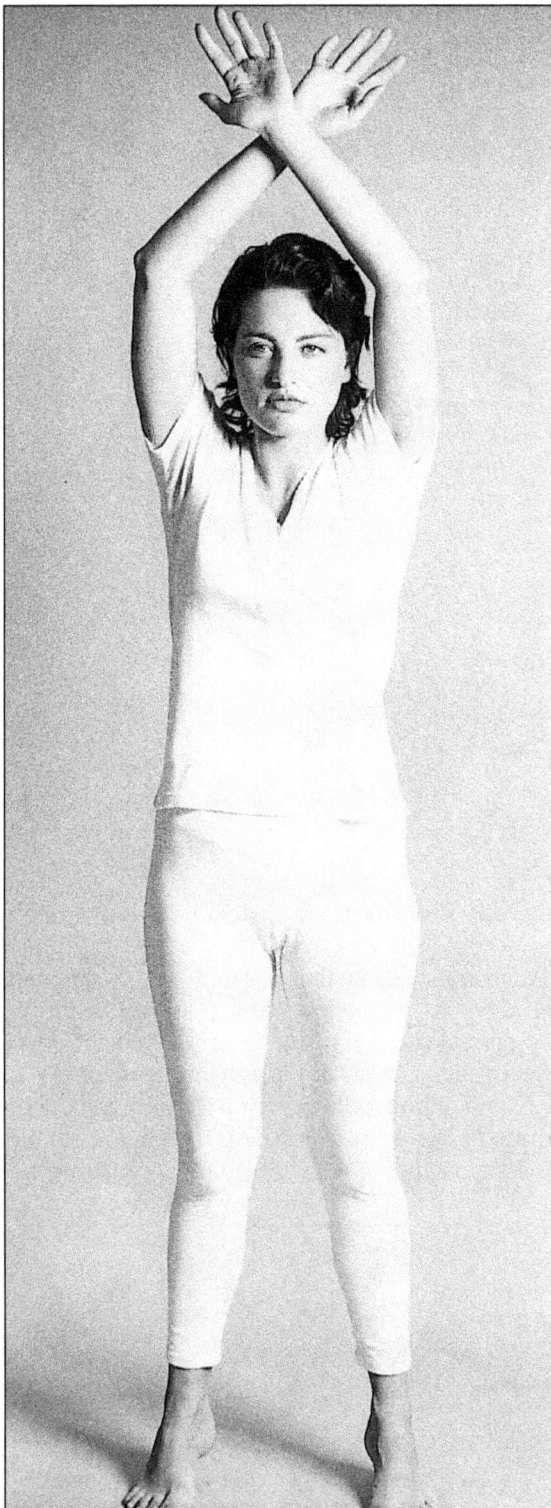

Ardha Sthambasana: posición de la media pilastra

Tumbados boca arriba, con los brazos acomodados a lo largo de los costados, levantaremos la pierna derecha hasta formar un ángulo recto con el tronco mientras espiramos. Mantendremos la posición durante tres o cinco ciclos respiratorios y después, espirando lentamente, volveremos a ponerla en el suelo. Repetiremos los mismos tiempos en el lado izquierdo, y a continuación con ambas piernas, extendiendo también los brazos hacia arriba para formar con el tronco, que mantendremos en contacto con el suelo, dos ángulos rectos, uno con los brazos y el otro con las piernas. Ardha Sthambasana robustece los músculos de las piernas y de la espalda. Además del chakra Anahata, tonifica también el Svadhishthana.

Sayana Buddhasana: posición del reposo de Buda

Tumbados boca arriba, nos moveremos hacia el costado derecho con el brazo apoyado en el suelo y el antebrazo doblado para sostener la cabeza con la mano. El brazo izquierdo permanece relajado a lo largo del cuerpo, así como la pierna izquierda, ligeramente flexionada, con la rodilla apoyada en el suelo.

Mantendremos la posición durante diez ciclos respiratorios, concentrándonos en el ritmo de la inspiración y de la espiración del aire.

Esta postura, que relaja el cuerpo y la mente, actúa sobre Anahata y Manipura.

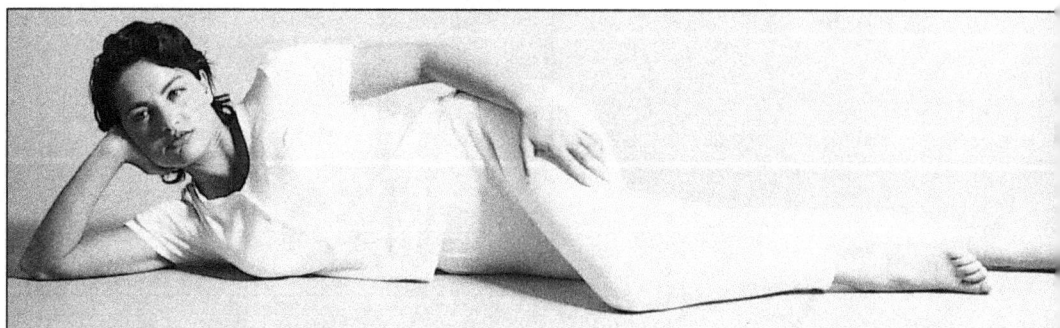

Ardha Chandrasana: posición de la media luna

Nos sentaremos sobre los talones e inspirando, nos pondremos de rodillas. A continuación, con una espiración, estiraremos la pierna derecha lateralmente, apoyando la planta del pie en el suelo. Con una inspiración lenta, levantaremos los brazos abiertos hacia afuera y doblaremos lentamente el tronco hacia el costado derecho mientras espiramos. El dorso de la mano derecha quedará apoyado sobre la pierna derecha y el brazo izquierdo rodeará la cabeza. Nos mantendremos así durante cinco o diez ciclos. Después, al inspirar, volveremos a levantar el tronco y, al espirar, bajaremos los brazos; por último, nos sentaremos sobre los talones. Repetiremos en el otro lado. Ardha Chandrasana robustece la musculatura y adelgaza los costados, disolviendo los excesos adiposos y tonifica los chakras Anahata y Manipura.

Mridanga: la respiración del tambor

Nos sentaremos en el suelo con las piernas cruzadas y el tronco erguido. Durante la fase inspiratoria, nos golpearemos todo el tórax, tamborileando con las yemas y los dedos rígidos. En la fase espiratoria, por el contrario, lo haremos con la mano abierta y los dedos juntos, en los mismos puntos tocados durante la inspiración.

Reequilibrando a Anahata, Mridanga fortalece todo el aparato respiratorio. Está indicado particularmente para los fumadores.

Repetición del mantra y Ajapa Japa

Nos sentaremos en el suelo con las piernas cruzadas y el tronco erguido y apoyaremos las manos sobre las rodillas, con los tres últimos dedos extendidos y la punta del índice pegada a la del pulgar formando un anillo. Cerraremos los ojos y empezaremos a repetir mentalmente el mantra, que puede ser, por ejemplo, *om shanti*, que significa «paz».

Transcurridos unos instantes, la mente empezará a divagar, invadida por pensamientos extraños a lo que estamos haciendo, y en varias ocasiones perderemos el mantra. No hay que preocuparse: nos limitaremos a observar esos pensamientos, recuerdos e imágenes que no nos pertenecen como si fuéramos simples espectadores y, cada vez que se nos escape, recuperaremos el mantra y seguiremos repitiéndolo con calma.

Los textos hinduistas antiguos y sufíes explican otra práctica, parecida a esta pero infinitamente más sencilla, puesto que no implica posturas ni prescripciones ninguna clase.

Lo único que exige Ajapa Japa, la plegaria sin plegaria, es la conciencia de estar respirando. Ni siquiera es necesario controlar la respiración. Puede ser lenta, profunda o jadeante: lo esencial es que sea espontánea. Dejémosla tal como está. No debemos modificarla, sino simplemente ser testigos conscientes de lo que está ocurriendo. Escuchemos nuestro cuerpo con atención y descubriremos que habla. Dice *so aham, so aham* —«yo (soy) eso»— y no deja de repetirlo desde que vinimos al mundo y no lo hará hasta cuando lo abandonemos, subrayando incesantemente la identidad del yo con el Todo, con la realidad.

El sonido *so* lo produce el aire, que penetra a través de la cavidad nasal cada que vez inspiramos, mientras que el sonido *aham* se produce por el aire que sale con cada espiración. Por lo tanto, *so aham* es el mantra de la vida, porque empieza con la vida y acaba cuando ella termina.

Ejercicio que reactiva la energía de las manos

De pie, con las piernas ligeramente separadas, o bien sentados cómodamente, extenderemos los brazos y abriremos las manos, orientando una palma hacia arriba y otra hacia abajo. Apretaremos los puños y los relajaremos, y seguiremos abriéndolos y cerrándolos lo más rápidamente que podamos. Cuando se nos empiecen a cansar los brazos, los relajaremos, y después juntaremos las manos. La sensación de tener una esfera palpitante e inmaterial entre las dos palmas nos confirmará la activación de los chakras de la mano, con los que está estrechamente relacionado el cardíaco.

Ejercicios de rotación del pecho y de los brazos

De pie, con las piernas ligeramente separadas, estiraremos los brazos hacia afuera, a la altura de los hombros. Manteniendo quietos los pies, las piernas y la cadera, moveremos el tronco y la cabeza a derecha y a izquierda de manera repetida, empujándolos todo lo atrás que podamos y siguiendo el movimiento con la mirada.

Pararemos, nos relajaremos unos minutos y después, manteniendo la posición de las piernas y la cadera, extenderemos los brazos y describiremos con las manos círculos cada vez más anchos, primero en sentido horario y después es el contrario. Reposaremos un poco y a continuación nos entrenaremos abriendo y cerrando varias veces los brazos, primero hacia arriba y después desde fuera hacia adelante y viceversa.

El mudra

Es el gesto de la bendición, con los brazos doblados y las palmas abiertas dulcemente, como para repartir amor. Esta mudra da compasión, generosidad y disponibilidad, y además ayuda a controlar las pasiones.

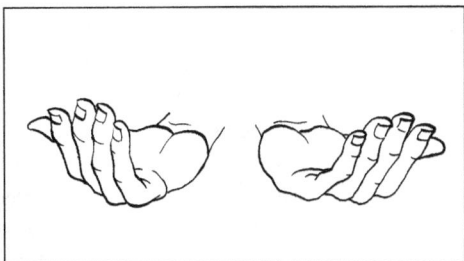

La comida

Escogeremos los alimentos verdes, del color de Venus y, por lo tanto, del amor. Se trata de alimentos que respetan el precepto hindú del ahimsa, que prohíbe herir y verter sangre, así como los ritmos alternos de las estaciones y de la energía del sol, absorbida por los vegetales gracias al proceso de la fotosíntesis.

Si lo pensamos bien, las plantas son un universo en miniatura, una suma de los cuatro elementos cósmicos: la tierra de la raíz, el agua de las hojas, el aire de las flores y el fuego del fruto. A diferencia de las carnes, que proporcionan una energía muerta, son una auténtica mina de vitalidad, especialmente si se consumen inmediatamente después de la cosecha, sin desdeñar las hojas verdes y los brotes, que encierran la parte más vital y concentrada de la semilla.

La música

Anahata necesita dulzura, sonidos armónicos que se acoplen, sin sofocarlos, a los ritmos de la naturaleza. Podemos elegir entre música clásica, sacra o New Age, a condición de que se trate de ritmos plenos y alegres, capaces de transmitir y alimentar el amor.

También es muy útil la vocalización del diptongo *ai*, que se debe entonar en *fa*.

Los colores

El verde y el rosa, los colores de Venus, cercanos a la naturaleza, a los bosques y a las flores, tienen un espléndido efecto regenerador sobre Anahata. Calman el sistema nervioso, alivian las llagas y las erupciones cutáneas, relajan los ojos y ralentizan la proliferación de las células tumorales. Por no hablar de la esfera psíquica, que relajan infundiéndole alegría. Hay que probarlo para creerlo en caso de conflicto familiar, tras una riña con la pareja o en un momento de crisis personal. Reconsiderando la situación con toda la objetividad y el optimismo del verde y el rosa, nos sorprenderá sentir un gran deseo de reconciliación, si bien debemos ser nosotros quienes tendremos que dar el primer paso.

Los cristales

Para liberar el afecto aprisionado tras la timidez y la reserva, o para estimular la amabilidad, la ternura y la generosidad, elegiremos cristales de tonos verdes o rosados. El cuarzo rosa, por ejemplo, alivia las heridas del corazón causadas por los celos, la maldad o la falta de consideración, hace a la persona más sensible a la belleza y al arte y ayuda a aceptar las manifestaciones afectivas de las que no nos sentimos merecedores.

También la turmalina verde o rosa y la esmeralda actúan beneficiosamente sobre el corazón, reforzando la confianza, la tolerancia y la lealtad de los sentimientos, y además atraen sobre el cuerpo físico las energías refrescantes y regeneradoras del cielo.

Cuando, por el contrario, el meollo de la cuestión es la armonía de la pareja y de la familia, pediremos ayuda al jade verde, garante de la paz, el equilibrio y la sabiduría. Proporciona consuelo a quien sufre turbación, aleja las pesadillas y asegura un sueño relajado y reparador. Además, regulariza el latido del corazón, incrementa la fuerza vital y mejora la calidad de vida.

Los perfumes

Blanca, rosa, roja o amarilla, la reina del corazón es siempre la rosa. Su vibración, delicada y amorosa, quizás asociada con un toque de sándalo, afina el placer y despierta el gusto estético. Quien siente resistencia al contacto físico o a la expresión de los sentimientos, obtendrá una gran ventaja del uso combinado de la rosa y la madreselva.

La meditación

Sentados, con el tronco erguido y las manos cruzadas a la altura del corazón, la derecha encima y la izquierda debajo, cerraremos los ojos. Ahora, visualizaremos nuestro corazón, escucharemos sus latidos y secundaremos su ritmo. Nosotros y nuestro corazón somos la misma cosa. Miremos o fijemos la mirada en el gran árbol que se yergue en el centro, con raíces profundas y bien soldadas a nuestro pecho. Ahora miremos sus ramas, sus hojas, sus flores, mientras se van ensanchando en nuestro interior: son nuestros nervios, las venas, las arterias, ese laberinto de senderos por los que discurre la vida.

Nuestro corazón es el árbol sagrado de los deseos y nosotros somos su tronco y sus ramas. Escuchemos cómo late y, mientras tanto, fijémonos en la bandada de palomas acurrucadas en sus ramas. Son las aves de la paz, y cada una de ellas lleva en el pico, como una ramita, uno de los deseos encerrados en nuestro corazón para que, una vez satisfecho, podamos hallar la paz que buscamos. Llamemos ahora a una de estas palomas, acojámosla en el hueco de las manos y acerquémosla a nuestro corazón, de manera que le explique nuestros secretos y ella pueda escucharlos y satisfacerlos. A continuación, despidámosla con un beso y dejémosla volar libremente. Volará e intercederá por nosotros, para que nuestro deseo sea satisfecho.

Si, por el contrario, preferimos algo más esencial y riguroso, actuaremos del siguiente modo:

— Prepararemos una cartulina, con el *yantra* de Anahata (el círculo con la estrella de seis puntas en su interior, rodeado por doce pétalos), en negro por un lado y rojo por el otro.
— Empezaremos con el Kriya, la limpieza con el aire que, con el transcurso de la sadhana, se hace cada vez más compleja. Ahora, el aire inhalado con una profunda inspiración debe exhalarse en doce pequeños soplos por la nariz. Pasaremos entonces a la visualización del *yantra*, fijándonos primero durante unos minutos en la figura en blanco y negro que, una vez cerrados los ojos, se reproducirá espontáneamente en nuestro campo visual; a continuación, volvámonos hacia la imagen en rojo que, con los ojos cerrados y a causa de la complementariedad cromática, se reconstruirá en nuestra mente con la tonalidad verde que la tradición atribuye a Anahata.

Vishuddha Chakra

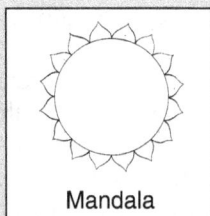

Nombre en sáns-crito: Vishuddha.
Significado: puri-ficación.
Situación: plexo faríngeo, garganta.
Palabras clave: sonido, voz, palabra, escucha, expresión, verdad.
Funciones: comunicación, creatividad, conocimiento.
Rotación: derecha para el hombre, izquierda para la mujer.
Tattva: akasha.
Color del tattva: azul grisáceo, púrpura, azul marino, turquesa.
Forma del tattva: círculo.
Número de pétalos: dieciséis.
Color de los pétalos: azul marino.
Letras devanagari: *am, ām, im, īm, um, ūm, rim, rīm, lrim, lrīm, em, aim, om, ōm, aum, aham.*
Sílaba sagrada: *ham.*
Vocal: ehh.
Nota musical occidental: *sol.*
Nota musical hindú: *pa.*
Música: canto, sonido de la caracola.
Divinidades correspondientes: Ganga, Sarasvati, Shakini, Panchavaktra.
Características psíquicas: afabilidad, espiritualidad, creatividad.
Estado interior: simbolización.
Estado exterior: vibración.
Duración del sueño: cinco o seis horas.
Postura durante el sueño: sobre el costado derecho y el izquierdo.

Acciones: hablar.
Obstáculos: aversión, timidez, embarazo, apego.
Glándulas: tiroides, paratiroides.
Partes del cuerpo: garganta, bronquios, orejas, cuello, hombros, brazos.
Sentido: oído.
Enfermedades físicas: dolor de garganta, tortícolis, traqueítis, tonsilitis, otitis, resfriado, dolor y otros trastornos del oído.
Enfermedades psíquicas: fobias, terrores, tendencia a mentir, timidez, cerrazón, rigidez, inhibiciones.
Vayu: *udana.*
Edad: entre 32 y 37 años.
Plano: Jana Loka (plano humano).
Planetas: Buda (Mercurio), Varana (Neptuno), Guru (Júpiter).
Signos zodiacales: Géminis, Acuario.
Metales: peltre, estaño.
Alimentos: fruta.
Perfumes: benjuí, incienso, salvia, eucalipto, lavanda, jacinto, musgo, pachulí.
Colores: azul marino, azul celeste, púrpura, gris plateado.
Piedras: lapislázuli, aguamarina, sodalita, calcedonia, zafiro, turquesa.
Animales: elefante, toro, león.
Fuerza operante: vibración simpatética.
Yoga: Mantra Yoga.
Guna: rajas.
Dirección: centro.
Flores de Bach: Gorse, Oak, Rescue Remedy, Rock Water, Wild Oat.

Mandala

Su nombre completo es Vishuddhikaya Chakra, del sánscrito *shuddi*, «purificar». Pero, ¿qué debe purificarse? Cuando la energía sutil asciende hasta Vishuddha, considerado como la «puerta de la Gran Liberación» *(mukti)*, para merecer franquearla es preciso haber purificado suficientemente nuestra calidad vibratoria.

Por detrás de la cúspide del cráneo hay un centro, llamado Bindu, donde se produce un fluido sutil que se transporta hasta una cavidad situada encima del paladar blando, de donde pasa a Vishuddha, donde es purificado y refinado. Todas las sustancias tóxicas pueden ser completamente neutralizadas por este chakra. Pero si este no se encuentra activo, si no ha sido nunca despertado, entonces el fluido, en lugar de convertirse en néctar, se transforma irremediablemente en un veneno letal. Por ello, Vishuddha recibe el nombre de chakra de la inmortalidad y puede causar, en función de su estado, una muerte fulminante, a causa de las toxinas, o bien una vida longeva.

Si los tres primeros chakras aún están unidos a la relación con uno mismo y Anahata hace las veces de punto de encuentro entre lo alto y lo bajo, únicamente Vishuddha, el primero de los chakras superiores nos permite, a través de la comunicación y de la palabra, penetrar con pleno derecho en la esfera de lo transpersonal, la relación con los otros, la vida social y el diálogo con los planos más elevados del propio yo. No por nada, el planeta que dirige a Vishuddha es Júpiter, en sánscrito Guru, «maestro», garante de sabiduría y elevación, en la plena observancia de las normas universales.

Los cuatro elementos cósmicos se disuelven en el quinto, el éter. La tierra se disuelve en el agua y permanece en el segundo chakra como esencia del olfato. Después es el turno del agua, que se evapora por acción del fuego, y de la que sólo queda la esencia del gusto. A continuación, desaparece el fuego, apagado por el soplo del aire, y que no deja dentro de sí más que la esencia de la visión. Por último, desaparece también el aire, que penetra en el akasha, el éter, que es justamente la quintaesencia incolora, inodora, insípida, impalpable e informe, libre de todo vestigio burdo, donde se transforma en puro sonido: el sonido del universo. En ese instante los pensamientos y los sentimientos dejan de ser un problema, puesto que la auténtica sabiduría, el conocimiento cósmico, supera y coordina todo lo demás, más allá de los límites del espacio y del tiempo, así como de los condicionamientos culturales y hereditarias.

Es en Vishuddha donde el hombre corriente, convertido en iniciado, accede por primera vez a la sabiduría, gracias a la cual muere interiormente al plano humano para renacer al divino. Y si, como aparece escrito en los Vedas, «en el principio fue Brahma, y con él fue la palabra», esto significa que el sonido tiene un potencial creativo inigualable. Actúa sobre la materia, la destruye y la transforma. Porque todo vibra, si bien a velocidades distintas: todo es ritmo y, por ello, puede ser reinterpretado en términos de energía, capaz de ejercer una acción específica tanto sobre la materia como sobre la conciencia. A través de la propia vibración, el chakra activo en una persona puede incluso despertar uno perezoso e inactivo en otra.

Sin embargo, no es la voz, ni siquiera la palabra, la auténtica dimensión de Vishuddha. Es el sonido del silencio, esa especie de ruido blanco que se manifiesta únicamente cuando calla todo lo demás: las palabras, las voces, los ruidos y la música. Pero también los pensamientos, los recuerdos, las expectativas y los miedos.

Sonido y silencio se unen en Vishuddha, formando una pareja poderosísima, puesto que ambos ejercen sobre la conciencia un sorprendente efecto de transmutación. Es en este principio sobre el que se funda la técnica del mantra, la repetición de los sonidos sacros, capaces de transformar amasijos de pensamientos informes y confusos en un esquema perfectamente estructurado y de una alta calidad vibratoria. Por lo demás, según la mística hinduista, el universo entero no es otra cosa que sonido, y en todo elemento, cosa u órgano hay contenida una representación simbólica, una figura geométrica *(yantra)*, un sonido-semilla *(bija)* de las energías que lo componen. En este aspecto, el juego se vuelve muy sencillo: basta con vocalizar rítmicamente el bija o el mantra para entrar en resonancia con cada uno de los componentes de la creación hasta obtener el dominio sobre uno mismo. Sin embargo, se cuenta que el supremo control de las letras sagradas se encuentra en manos de la diosa Kali, la terrible compañera de Shiva, que destruye la vida eliminándola de los pétalos de los chakras. De hecho, nada que haya sido privado de su esencia, que es el sonido, puede seguir existiendo. Sin embargo, si las consonantes afectan al aspecto más material de la existencia, las vocales representan el más espiritual. Y no por casualidad aparecen inscritas precisamente en los pétalos del quinto chakra, centro del sonido y, por extensión, centro de la vida.

En lo físico y lo anímico

En el plano físico, Vishuddha corresponde a la garganta, las cuerdas vocales, las orejas y al sentido del oído, así como a los bronquios, los brazos y la tiroides, que regula la velocidad y movilidad de transformación de la comida, material, en energía, espiritual, y la utilización que se hace de ella. Si, de hecho, Anahata selecciona y domina las emociones y los sentimientos, es únicamente en el quinto chakra donde alcanzan su plena manifestación. Aquí se expresa todo lo que hay de vivo en nosotros, el llanto y la risa, la alegría y el dolor, el amor, la agresividad y el miedo. La persona sensible a la frecuencia de Vishuddha tiene una voz capaz de penetrar en quien la escucha, hasta el punto de modificar sus pensamientos, reacciones y manera de ser.

Tiende a dormir poco, cinco o seis horas como mucho, girándose alternativamente sobre el costado derecho y el izquierdo; le gusta escribir, hablar, comunicar sus propios pensamientos, sentimientos y emociones más recónditas. A menudo, se deleita en la recitación, en la composición poética o en la redacción de cuentos; pero no por ello desdeña la literatura y la música sacra, con una acusada predilección por la danza. En suma, es un tipo reflexivo pero independiente e insensible a los prejuicios.

Concede amplio espacio a sus propios pensamientos y los comunica gustoso y sin tapujos, puesto que, al sentirse seguro de sus especulaciones, no teme el juicio ajeno ni se deja influir por sus opiniones en caso de no coincidir con las suyas. Por ello, no le duelen prendas negarse a algo cuando lo considera adecuado, y menos aún mostrarse tal como es realmente, sin tapujos; deja traslucir sin ostentación ni soberbia sus propias virtudes, que pone gustoso a disposición de los demás, aunque no oculta sus debilidades. De todos modos, no se limita a hablar; la relación de Vishuddha con el sentido del oído hace de él un buen oyente, tanto en lo que respecta a los desahogos ajenos como a los mensajes sutiles, las informaciones y las intuiciones que irradian las altas esferas, que es capaz de captar del éter para traducirlas después y transmitirlas a quien no posee unas antenas tan desarrolladas como las suyas. En la mesa puede parecer un poco pacato: come poco, sin probar la carne ni los alimentos precocinados y adulterados. En cualquier caso, sus preferencias apuntan hacia la verdura y la fruta, especialmente en forma de cremas, zumos y batidos.

En la edad en que se deja sentir la influencia de Vishuddha, entre los treinta y dos y los treinta y siete años, más o menos, los grandes rasgos de nuestra existencia ya han sido trazados. Una vez conquistada la plena independencia de la familia y al formar la propia, se abandonan los viejos condicionamientos y las reglas impuestas para alcanzar una verdad y una norma interior personal.

Es en este periodo cuando se concluye la fase existencial receptiva, de formación y aprendizaje, para acceder a una fase activa, en la que uno empieza a discernir y a formular opiniones e ideas que, a su vez, se transmitirán a los hijos y nietos que vendrán. La función de la transmisión no es un privilegio al alcance de cualquiera: tanto es así que en la India está rigurosamente reservada al gurú, el maestro espiritual que ha debido practicar y aprender qué es la vida ante de poder presentarse a su vez como guía. Su misión no prevé recompensas; divulga su saber porque, al hacerlo, obedece a su propio *dharma* y salda la deuda con los maestros de los que, en su momento, recibió sus enseñanzas.

El quinto chakra es el lugar en el que se entrecruzan los dos planos de energía, los dos raíles de nuestra existencia: el plano horizontal, es decir, la vida, del nacimiento hasta la muerte, y el plano vertical, o sea, el intercambio entre el cielo y la tierra, las relaciones del hombre con lo divino. Es lógico, pues, que el buen funcionamiento de Vishuddha sea condición indispensable para gozar de una vida satisfactoria y significativa en términos evolutivos. Pero basta con que algo se encasquille y que la chispa divina se aleje de nuestro campo visual para que nos sintamos confusos, bloqueados, extraviados y prisioneros de una ansiedad que se traduce en una sensación física de ahogo; por no hablar de tonsilitis, otitis, resfriados y pérdidas de voz.

Funcionamiento excesivo

Cuando Kundalini llega sin problemas hasta Vishuddha y se ha adueñado del chakra, encuentra un obstáculo que le impide el paso, por lo que el nivel energético tiende a bajar peligrosamente, como un río que afluye por una presa sin compuertas. En este momento, se puede caer en dos actitudes opuestas: o bien manifestar un comportamiento y un lenguaje impulsivos y desconsiderados, al ser incapaces de controlar nuestras reacciones, o incurrir en un estado de represión sobre la propia esfera mental, en la que se niega a las emociones incluso el derecho de existir (a menos que concuerden totalmente con las opiniones y esquemas de las personas que nos rodean). Entonces, el sentimiento de culpa se vuelve dominante y se convierte en el guardián del umbral que impide expresar el auténtico yo, oculto tras una fachada que no le pertenece.

Da igual que se hable con frases entrecortadas o con demasiada vehemencia, que se caiga en silencios defensivos o verborreas para persuadir o atraer la atención, que se emplee un lenguaje demasiado formal o bien tosco y bullicioso: aunque nos ricemos el pelo para demostrar nuestra fuerza o nos camuflemos con la tapicería para disimular nuestra debilidad, el estrés seguirá siendo insoportable.

El verdadero problema, cuando uno padece un bloqueo energético en el chakra de la garganta, es la falta de apertura hacia lo alto. Damos vueltas alrededor dentro de nuestra prisión interior simplemente porque el contacto con lo divino, en el que consiste la libertad, nos infunde demasiado miedo.

Funcionamiento deficitario

Cuando el chakra de la garganta no alcanza su nivel regular, el primer impulso es rehuir el contacto social y encerrarse por completo en el propio yo. En ese momento surgen la timidez y el miedo a destacar y expresar las propias opiniones. Cuando uno trata de compartir cualquier cosa con los demás, expresando los sentimientos y los pensamientos más íntimos, quien padece esta carencia siente un nudo en la garganta. Entonces, la voz sale estrangulada y surge un vago balbuceo.

Incapaz de focalizar objetivos y convicciones, se deja arrastrar por los demás, dispuestos a obedecer en todo momento las opiniones de los más fuertes. El problema es que, al sentirse lejos del alcance de su propia alma, no tiene la autoestima suficiente para confiar en sus propias intuiciones, en esos mensajes que el corazón se obstina en enviarle. El riesgo al que se expone es que, al ir envejeciendo, su rigidez le resulte difícil de soportar tanto por sí mismo como por los demás; además, suele desarrollar una concepción de la vida demasiado limitada y sectaria, ya que es incapaz de sobreponerse a las limitaciones materiales.

El símbolo

Imaginemos un gran loto azul de dieciséis pétalos, con todas las vocales del alfabeto sánscrito inscritas en púrpura.

Vishuddha Chakra

Si tenemos en cuenta que el dieciséis no es más que cuatro por cuatro, y que los pitagóricos solían jurar por el cuadrado de cuatro, que es tanto como decir por el conocimiento universal, el imperativo de Vishuddha se vuelve evidente: desarrollarse interiormente y tomar conciencia de uno mismo.

En ciertas representaciones, en el centro del símbolo aparece un triángulo invertido, símbolo del fuego generador y transformador, que contiene un círculo (el disco de la luna llena, pero también de la unidad indivisa que precede y que está en todo) sobre el cual despunta la sílaba *ham* en caracteres de oro: es el símbolo lunar de la *nada*, el puro sonido cósmico que se injerta en el silencio y deja adivinar la respiración del universo dentro y fuera de nosotros. Entonces, finalmente separada de las voces de la cotidianidad gracias a la práctica meditativa, el alma restablece su primitivo contacto con el Todo y la mente atraviesa las verjas del inconsciente, donde pasado, presente y futuro coinciden. De hecho, cuando la energía se ha purificado suficientemente, empiezan a producirse ciertos fenómenos espontáneos, y con frecuencia indeseados, que la parapsicología clasifica como clarividencia, precognición, retrocognición o telepatía, sobre los que la luna, señora de las intuiciones y de los sueños, ejerce una acción promotora de primer orden.

Abajo aparece el elefante blanco Gaja, señor de los herbívoros, que dirige la energía hacia el plano humano, Jana Loka, en el que opera Vishuddha. Con sus grandes orejas y su porte real, Gaja sintetiza el imperativo del conocimiento y la conciencia, que lleva en sí mismo desde los albores del mundo gracias a la paciencia, la armonía y la memoria prodigiosa de los saberes antiguos de la tierra. No es raro, pues, que las siete trompas del elefante Airavata, vehículo del primer chakra, hayan desaparecido para dejar paso a una sola, que representa el poder del sonido puro, garante de la liberación.

Y es que, de hecho, es Gaja y no Airavata el símbolo del quinto tattva: el éter que es, al mismo tiempo, quintaesencia de los otros cuatro y escenario de sus relaciones, así como su longitud de onda y el espacio en el que se encuentran, dialogan, se unifican o se destruyen. El fundamento del que surge cada uno de los elementos y al que vuelven cuando su ciclo de actividad se encamina hacia el final para abrir paso a otro, en la eterna sucesión cósmica donde cada fuerza se alterna con las demás. Tomemos el agua como ejemplo. Cuando el agua se congela y se transforma en hielo, los demás elementos, el fluido y el fuego, desaparecen, se retraen en el éter para dejar espacio al sólido. Sin embargo, basta con que el hielo entre en contacto con el calor

para que el sólido vuelva al éter, mientras que se manifiestan de nuevo el agua y el calor. Esta síntesis cósmica se refleja en la divinidad principal que preside a Vishuddha.

Todos los elementos se disuelven en uno sólo, todos los aspectos del universo se reunifican en Panchavaktra Shiva, el Shiva de los cinco aspectos, de la tez azul alcanfor y de los cinco rostros, cada uno de ellos provisto de tres ojos y relacionado con uno de los cinco elementos: Aghora, cuyo rostro redondo es el símbolo del éter y que tiene los ojos abiertos de par en par por la ira; Ishana, cuyo rasgos redondeados son el emblema del agua; Mahadeva, con la cara ovalada, que alude a la tierra; Sahasdiva, con el rostro cuadrado como la naturaleza del aire; y, por último, Rudra, con la cara triangular como la llama que representa.

Panchavaktra tiene cuatro brazos y cuatro manos: con la primera ejecuta el mudra que libera del miedo; con la segunda desgrana el *mala*, con la tercera toca el tambor *(damaru)* y con la última empuña el tridente de Shiva, símbolo del mando sobre los tres mundos: el material, el psíquico y el espiritual.

Le acompañan Shakini o Gauri, la bella, la de los cinco espléndidos rostros, la de la tez rosa pálido, el sari azul cielo y el corpiño verde. Y, como quiera que la meditación sobre Panchavaktra ayuda a comprender los límites de cada uno de los elementos, al morir a lo múltiple para renacer a la unidad, el trabajo espiritual sobre Shakini proporciona al practicante los conocimientos más elevados y los siddhi, poderes sobrenaturales del yoga que trascienden los límites del tiempo, del espacio y de las leyes físicas de la materia.

Con sus cuatro manos, Shakini sostiene a la vez una calavera, símbolo del desapego del mundo ilusorio de los sentidos y del control sobre las manifestaciones corporales; el bastón para azuzar al elefante para que, ebrio de saber, no se anteponga al corazón; las sagradas escrituras, síntesis del arte del vivir adecuado; y, por último, el rosario, poderoso instrumento de control sobre la mente, ya que neutraliza los pensamientos y las emociones perturbadoras y reconduce la atención hacia la plegaria.

Memoria, prontitud e intuición dependen de Shakini y, dado que Vishuddha es el chakra de los sueños, muchas enseñanzas se revelan mientras dormimos o se elaboran durante la fase del sueño.

El despertar del quinto chakra

Cuando la meditación sobre Vishuddha se desarrolla con seriedad y constancia, la transformación se hace evidente en todos los planos del ser.

Pero los efectos sorprendentes no se detienen en una mirada pura o una voz melodiosa, en un aspecto radiante o una piel más joven. Cambia también la incisividad de la palabra, la capacidad de recibir e interpretar sueños e intuiciones, la percepción del pasado y del futuro, de lo lejano y lo invisible, la comprensión de las leyes superiores que se nos descubren de improviso y que deben transmitirse a los demás.

Por lo tanto, son numerosos los dones asociados a la activación de Vishuddha: ante todo, la regeneración de los tejidos, favorecida por el sueño.

Favorecer el conocimiento completo de los Vedas, la visión del pasado, el presente y el futuro, la capacidad de entrar en contacto y comunicarnos telepáticamente con los demás seres. Además de todo esto, y al estar unido con un canal nervioso llamado Kurma-Nadi, el «nervio en forma de tortuga», puede reducir hasta suprimir por completo el deseo de beber y comer.

Para garantizar a Vishuddha un desarrollo armónico, podemos actuar en muchas direcciones: ante todo, la vocalización diaria del mantra, la práctica del baño de aire y de la contemplación del cielo estrellado, así como la ejecución de los asana, las respiraciones y las contracciones.

Pero no debemos detenernos aquí: hablemos, escribamos y juguemos con las palabras; esforcémonos en expresar y coordinar lo que se agita en nuestro interior, las emociones, los recuerdos y los ideales. Bailemos, cantemos, sollocemos incluso; en cualquier caso, hay que espirar con fuerza cada vez que se nos cierra la garganta ante una emoción o un temor repentinos.

Las técnicas

Ejercicio de concentración y visualización

Nos haremos con una cartulina blanca de unos 50×50 cm y dibujaremos con un rotulador negro un círculo con dieciséis pétalos. Le daremos la vuelta y reproduciremos la imagen en el reverso, esta vez de color naranja. Empezaremos a fijarnos en la imagen en blanco y negro hasta que los ojos empiecen a lagrimear. Los cerraremos y veremos cómo se recompone lentamente en nuestro campo visual.

Ahora daremos la vuelta a la cartulina y repetiremos el ejercicio con la representación coloreada. La miraremos detenidamente y cerraremos después los ojos. A causa de la complementariedad de los colores, el naranja se transformará en azul.

Ujjayi

Es uno de los pranayama principales, cuyo nombre (que se deriva de *ud*, «elevado», y *jaya*, «victoria», «saludo» o «lo que se expresa en voz alta») alude al hecho de que se trata de una práctica nada silenciosa. Sin embargo, según otras interpretaciones, *ujjayi* significaría «lo que conduce hasta el éxito», o bien «el victorioso», porque durante la ejecución el tórax se ensancha como el pecho de un guerrero.

El primer paso que hay que aprender es bloquear parcialmente la glotis, lo que impedirá tanto la entrada como la salida del aire. Para ello, contraeremos con fuerza los músculos de la base del cuello, junto a la raíz de la clavícula, e inspiraremos después. La fricción del aire genera un sonido sordo y continuo, que no producen las cuerdas vocales ni el paso del aire contra el velo del paladar, como ocurre al roncar. En este punto, sin dejar de obstruir parcialmente la glotis y con el tronco erguido, inspiraremos a fondo y trataremos de absorber el máximo de aire posible, ensanchando las costillas e hinchando el pecho. Al concluir la inspiración, contendremos la respiración cerrando por completo la glotis durante uno o dos segundos, y a continuación espiraremos lentamente. Para ello, abriremos ligeramente la glotis y después contraeremos con fuerza la pared abdominal, lo que desencadenará la espiración, acompañada por el mismo sonido uniforme y regular de la inspiración.

En este punto, contraeremos los músculos torácicos y acercaremos las costillas para bajar las clavículas sin arquear por ello la espalda. Al acabar esta fase espiratoria, que debe durar exactamente el doble que la inspiratoria, contendremos la respiración durante dos segundos y volveremos a empezar desde el principio.

Surya Chandra Mudra: gesto del Sol y de la Luna

Nos sentaremos con las piernas cruzadas, el tronco erguido y los hombros relajados.

Inspiraremos y al espirar doblaremos el cuello hacia delante, de manera que la barbilla roce el esternón; después, nos relajaremos.

Con una inspiración, giraremos el cuello hacia la derecha, hasta el hombro. Espiraremos y lo moveremos hacia atrás, hasta la

mitad de la espalda; a continuación, inspirando, lo giraremos hacia el hombro izquierdo y, por último, con una espiración volveremos a colocarlo en la posición inicial.

Repetiremos todos los movimientos en sentido contrario.

Masajeando la musculatura del cuello y de los hombros, Surya Chandra Mudra previene los dolores artrósicos, fortalece la vista y elimina la jaqueca producto del estrés.

Simhasana: posición del león

Nos sentaremos en el suelo con las piernas extendidas hacia delante. Doblaremos la pierna derecha, colocando el pie bajo la nalga izquierda, y doblaremos la izquierda de la misma forma para quedar con las piernas cruzadas y las nalgas sobre los talones.

Cargaremos todo el peso del cuerpo sobre el tronco y las rodillas e inclinaremos ligeramente el tronco hacia delante, manteniendo los hombros erguidos. Apoyaremos las palmas de las manos sobre las rodillas, tendiendo los brazos y extendiendo los dedos.

En este punto no nos queda más que abrir la boca de par en par y, sacando la lengua, la doblaremos hasta la barbilla. Llevaremos la mirada hacia la raíz o la punta de la nariz. Mantendremos la posición durante cinco ciclos respiratorios y, a continuación, repetiremos el ejercicio de pie.

Tonificando el chakra Vishuddha, Simhasana actúa indirectamente también sobre la garganta, la vista, el oído, el hígado y las vías respiratorias. Es muy útil en caso de timidez, tartamudeo, astenia sexual y dificultades de concentración. Reduce la obesidad y el estímulo de la sed y, además, hace verdaderos milagros contra las arrugas.

Karnapidasana: posición del dolor de oídos

A partir de la posición de Halasana (boca arriba con las piernas estiradas por encima de la cabeza, hasta tocar el suelo con las puntas y los brazos extendidos a lo largo de los costados), empujaremos las rodillas en el suelo, de manera que la parte interior de estas presione contra las orejas. Los brazos deberán estar relajados en el suelo o doblados, con las manos sosteniendo los riñones.

Esta postura afecta los chakras Vishuddha, Anahata y Manipura, cura la artrosis cervical, lumbar y dorsal, relaja el corazón, mejora la digestión y tonifica la musculatura de las piernas.

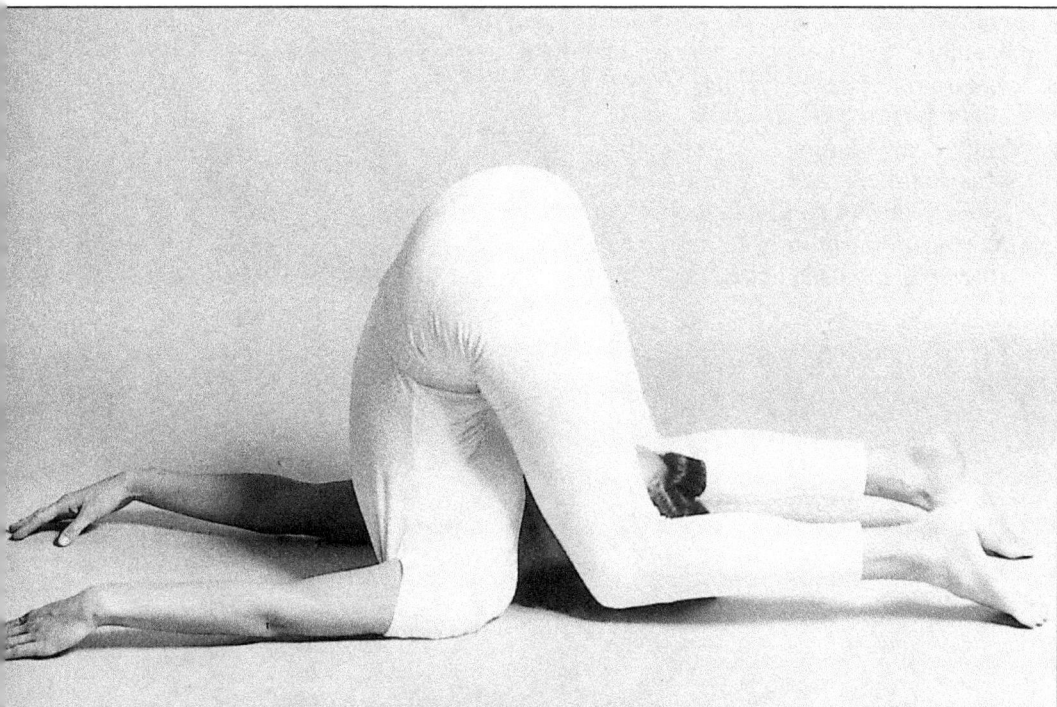

Adho Mukha Svanasana: posición del perro con el morro hacia abajo

Boca abajo y con los pies ligeramente separados, apoyaremos las manos a ambos lados del tórax, con los dedos orientados hacia la cabeza. Espirando, extenderemos los brazos y levantaremos la cadera del suelo, formando un ángulo recto con el tronco y las piernas, bien estiradas. La parte superior de la cabeza deberá tocar el suelo, mientras que los pies quedarán paralelos, con las plantas pegadas en el suelo, y la espalda, brazos y piernas estirados. Mantendremos durante cinco o diez ciclos respiratorios.

Ejerciendo una acción reequilibradora sobre cuatro chakras (Svadhishthana, Anahata, Vishuddha y Ajna), Adho Mukha Svanasana ofrece toda una gama de beneficios físicos y psíquicos: calma la crisis de asma y los cólicos intestinales, regula el latido cardíaco y las funciones de la tiroides, combate el insomnio, la obesidad, la ciática y la rinitis. Además, es una postura revitalizadora de todo el organismo en general.

Viparitakaraniasana: posición invertida

Nos tumbaremos boca arriba, con los brazos relajados a lo largo del cuerpo. Con una inspiración, levantaremos la cadera y estiraremos las piernas. Espiraremos entonces de modo que, aguantando la pelvis con las manos, levantemos las piernas hacia arriba. Apretaremos los codos y descargaremos todo el peso del cuerpo sobre brazos y hombros. Mantendremos la postura durante cinco o diez ciclos respiratorios, concentrando la atención en la respiración. Para recuperar la posición inicial, espiraremos lentamente y volveremos a relajar el cuerpo sin separar la cabeza del suelo.

Esta postura reactiva los chakras Vishuddha, Manipura y Anahata. Actúa sobre el sistema respiratorio y el circulatorio, facilita la digestión y la evacuación y tonifica todas las glándulas endocrinas.

Ardha Matsyendrasana: posición del sabio Matsyendra

Sentados con las piernas extendidas, levantaremos la izquierda y colocaremos el pie más allá de la rodilla derecha, manteniendo la planta bien pegada al suelo para establecer contacto entre la rodilla derecha y la cara externa del tobillo izquierdo. En este punto, manteniendo el brazo bien estirado, cogeremos con la mano derecha la cara interna del pie izquierdo. El codo quedará entonces contra la cara externa de la rodilla izquierda, mientras que el brazo izquierdo se estirará hacia el costado derecho.

Giraremos la cabeza al máximo hacia la izquierda, manteniendo la postura durante dos o tres ciclos respiratorios. Nos soltaremos lentamente y lo repetiremos en el otro lado.

Gracias a la acción estimulante ejercida sobre Svadhishthana, Manipura, Anahata y Vishuddha, Ardha Matsyendrasana favorece el hígado, la vejiga y el intestino. Estimula la diuresis, proporciona elasticidad a la columna, mejora la capacidad respiratoria y reduce el dolor de espalda. Además, tonifica el sistema nervioso, revitaliza, combate la celulitis y mantiene bajo control la diabetes.

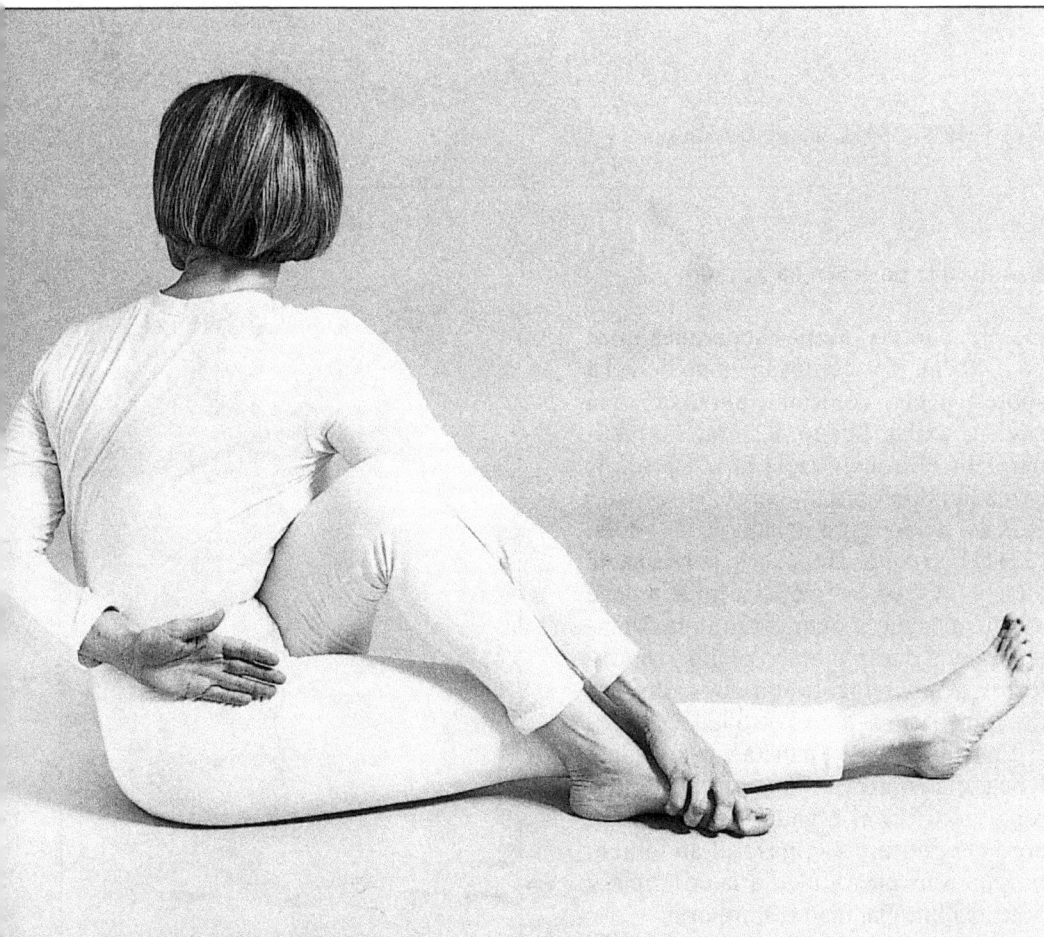

Supta Vajrasana: posición supina del rayo

Primeramente, tendremos que adoptar la postura Vajrasana. Arrodillados, nos sentaremos sobre los talones; manteniendo unidas las rodillas y apoyando las manos sobre los muslos, separaremos las piernas y los pies para que centrar las nalgas sobre el suelo. Con una espiración profunda, inclinaremos ahora el tronco hacia atrás, hasta que la cabeza y la espalda toquen el suelo. Hay que procurar que las rodillas no se levanten del suelo. Acabaremos estirando los brazos hacia atrás y entrecruzando los dedos.

Supta Vajrasana afecta a los primeros cinco chakras. Masajea la musculatura de las piernas, regula el ciclo menstrual, favorece la circulación, estimula la tiroides y previene la obesidad; además, tonifica el hígado, el páncreas y las vías respiratorias, elimina la ansiedad y la fatiga y garantiza un mejor control de las emociones.

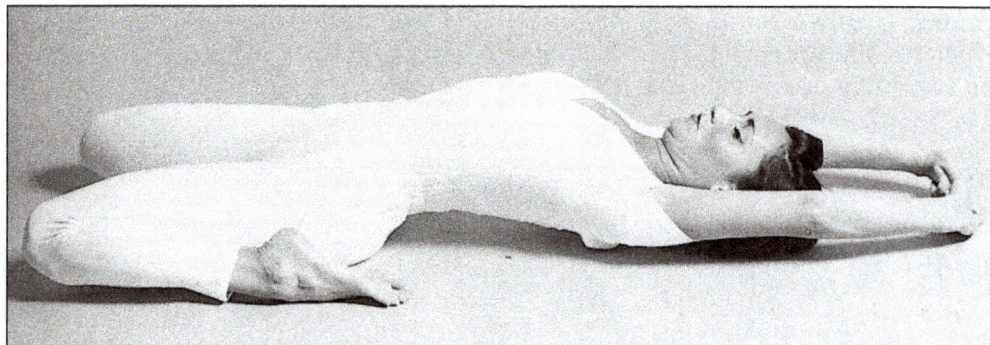

Konasana: posición en ángulo

De pie, con las piernas separadas unos 30 o 40 cm, pondremos la mano derecha sobre el pecho, colocando el pulgar en la cavidad axilar. Luego, inspirando, inclinaremos el tronco hacia la izquierda y, extendiendo el brazo, haremos resbalar la mano derecha por debajo de la rodilla.

Hay que evitar empujar la pelvis hacia atrás y levantar los pies. La mirada debe dirigirse hacia la mano izquierda. Mantendremos durante cinco ciclos respiratorios, y nos reincorporaremos espirando. Repetiremos por el otro lado.

En relación con Anahata y Vishuddha, Konasana controla el aparato urinario y renal; tonifica el hígado y el intestino; abre el apetito y adelgaza el abdomen, proporciona elasticidad a la columna y potencia la capacidad respiratoria.

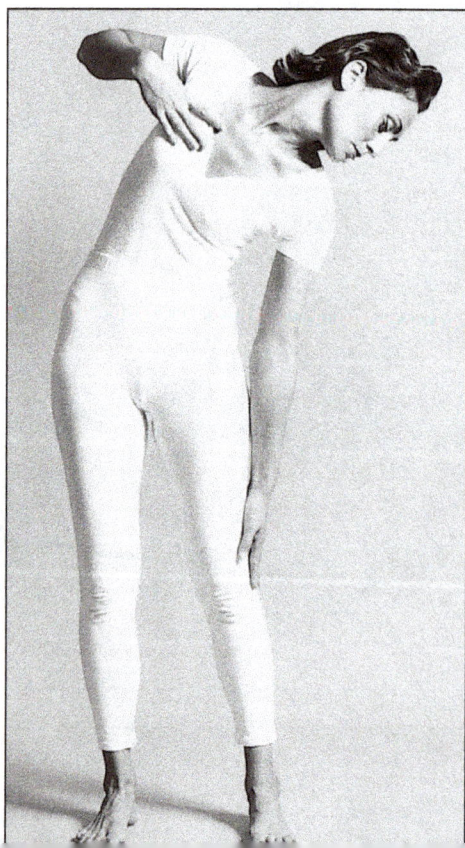

El mudra

Es el gesto, simple e infantil, del niño que pide silencio apoyando el dedo índice extendido sobre los labios mientras mantiene los otros dedos doblados.

Quien practica diariamente este mudra adquiere dotes oratorias y una mente controlada y tranquila, capaz de entrar en contacto con el pasado, el presente y el futuro. Ningún peligro podrá turbarlo jamás, porque su armonía con el cosmos se prolongará en el tiempo.

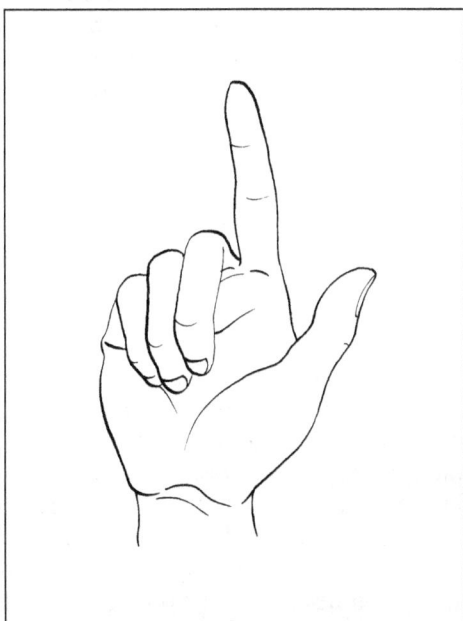

La comida

La fruta ocupa uno de los niveles más altos de la cadena de la comida porque, una vez madura, se ofrece espontáneamente cayendo al suelo. Por lo tanto, y a diferencia de las carnes, pescados, huevos e incluso de hojas y raíces, que implica en cierto modo la muerte de la planta, se trata del único alimento que podemos obtener sin recurrir a la violencia, de acuerdo con el precepto yóguico del ahimsa.

Rica en vitaminas y azúcares simples, nutre, purifica y estimula, sin descuidar la región de la garganta.

A la fruta se le puede añadir todo lo que crece en la tierra, en especial las hojas que pueden cortarse sin destruir la planta.

Cuando Vishuddha está bien abierto, la elección de una dieta rigurosamente vegetariana resulta inevitable. El resultado es una complexión delgada, aun así acompañada de una voz poderosa y sonora.

La música

Descrito en los textos antiguos como una letra *devanagari* de color oro o blanco opalescente como la luz lunar, el bija *ham* se obtiene formando un óvalo con los labios y emitiendo aire por la garganta. Si se reproduce de manera correcta, concentrándonos en la cavidad del cuello, el sonido hace vibrar el cerebro y estimula el fluido cerebroespinal hacia la garganta; lo que, entre otras cosas, confiere una voz llena y melodiosa, perfecta para el canto coral.

Igualmente, podemos ejercitarnos en vocalizar el sonido *ehh* abierto, entonándolo en *sol*.

Por lo que respecta a la elección de la música para escuchar, es mejor el género sacro o la New Age, por su alternancia de tonos altos y bajos así como sus estimulantes efectos de resonancia. Sin embargo, por muy agradable y relajante que resulte, hay que intentar prescindir de ella y, siempre y cuando el entorno lo permita, apreciar el silencio. Podemos empezar con un largo paseo solitario, imponiéndonos después un periodo de silencio de una, dos o tres horas, hasta prolongar este singular ayuno de la palabra durante un día entero y aún más. Para ayudarnos a reconocer la voz del silencio, escucharemos el sonido de una caracola de mar.

Podemos recurrir también a una práctica muy común en el Laya yoga, definido precisamente como «el yoga de la escucha del sonido interior». Nos sentaremos con las piernas cruzadas, apoyaremos los codos en las rodillas y la frente entre las manos; después, nos cerraremos los ojos con los meñiques, las orejas con los pulgares y nos dispondremos a escuchar. Una serie de silbidos, zumbidos, rumores, tintineos y otros sonidos propiamente dichos, así como la voz de nuestra conciencia, emergerán del silencio para transmitirnos mensajes y certezas.

Los colores

Como dice la canción, «en el azul, pinto el azul»: es cuanto necesitamos para dar una descarga de energía a Vishuddha, ya se trate de azul cielo, azul marino, azul nocturno, azul cobalto, azul turquesa, azul pálido o azul celeste. No por casualidad, la publicidad prefiere el azul en detrimento del rojo para lograr que un eslogan resulte más incisivo. Una indumentaria basada en tonos azules es siempre de gran ayuda para conferenciantes, profesores, tertulianos y, en general, profesionales que trabajan en el ámbito del periodismo.

Con el azul se asocia frecuentemente el plateado, color que podemos visualizar sobre todo cuando suframos una inflamación de la garganta. Un toque de gris plata favorece la terapia femenina, mientras que para los hombres es más adecuada una tonalidad violeta o púrpura.

Los cristales

El lapislázuli facilita la expresión, desarrolla el talento visual y, junto con la sodalita, a la que se parece enormemente, y la calcedonia, ayuda en los tratamientos contra la sordera y las afecciones de la garganta.

Características parecidas pueden encontrarse en el aguamarina, estrechamente asociada con el poder de la palabra y, por ello, aconsejable para periodistas, profesores y locutores.

Por el contrario, el zafiro y la turquesa están relacionados con un tipo de comunicación más sutil, con espíritus y entes de otros mundos, puesto que garantizan la claridad mental y las capacidades proféticas. Facilitan también la transmisión de conocimientos y principios espirituales, y además acumulan una energía positiva suficiente para proteger el cuerpo y el alma de eventuales ataques sutiles.

Los perfumes

Para las personas muy tensas y ansiosas, así como para quienes tienen una voz nasal, lo ideal es un toque de lavanda y jacinto, perfecto para apaciguar a Vishuddha. Cuando, por contra, el problema es una voz demasiado baja o una mente un tanto confusa, acompañada por una sensación de insatisfacción, se necesita una fragancia estimulante como el pachulí o el musgo blanco.

También el aroma punzante de la salvia y el fresco y audaz del eucalipto envían vibraciones terapéuticas beneficiosas para la garganta. Alivian las tensiones emotivas, liberan los sentimientos reprimidos y reactivan el contacto interrumpido con la voz interior, fuente de valiosos mensajes e inspiraciones creadoras.

La meditación

Elegiremos un rincón tranquilo al aire libre donde podamos contemplar el cielo y sentir cómo nos acaricia el viento. De pie, o sentados en el suelo con las piernas cruzadas, apoyaremos la mano derecha por encima de la frente y los dedos de la izquierda sobre la garganta. Visualizaremos entonces un puntito azul, que poco a poco se va haciendo más grande hasta rodearnos por completo. El azul nos va penetrando por la nariz, junto con el aire; después, desciende por la garganta, los pulmones, por todas las venas, las arterias y los nervios del cuerpo. Los cabellos, la piel y las uñas se nos han vuelto azules. Somos azules de los pies a la cabeza.

Llegados a este punto, empezaremos a vocalizar el *gayatri mantra*, dotado de un efecto revitalizador especial en lo que respecta al chakra de la garganta.

Lo cantaremos en voz alta con los ojos cerrados y, en cuanto acabemos, volveremos a empezar. El ejercicio debe durar, por lo menos, entre cinco y diez minutos.

El texto el *gayatri mantra*:

Om, Bhu, Bhuvah, Svah,
Tat Savituh Vurenyam
Bhargah Devasya Dhimahi
Dhiyah Yah Nah Prachodayat.

Se trata de un célebre himno sacro de la tradición hinduista, conocido también en Occidente gracias a su beneficioso efecto vibratorio.

Ajna Chakra

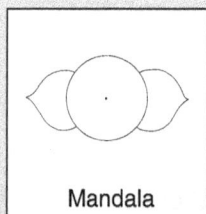

Mandala

Nombre en sánscrito: Ajna.
Significado: conocer, percibir, ordenar.
Situación: en el centro de la cabeza, a la altura del ojo o un poco por encima.
Palabras clave: voluntad, determinación, inspiración, espíritu, plenitud, integración, síntesis, victoria sobre uno.
Funciones: vista, intuición, orden.
Rotación: derecha para la mujer, izquierda para el hombre.
Tattva: radio, rayos X.
Color del tattva: gris violáceo, índigo.
Forma del tattva: círculo o prisma.
Número de pétalos: dos por cuarenta y ocho (noventa y seis); sólo dos en la configuración gráfica.
Color de los pétalos: blanco.
Letras devanagari: *han, ksham.*
Sílaba sagrada: *om.*
Vocal: ihh.
Nota musical occidental: *la.*
Nota musical hindú: *da.*
Música: New Age y clásica.
Divinidades correspondientes: Hakini, Paramshiva.
Características psíquicas: interioridad, sabiduría, observación, carisma, aceptación.
Estado interior: visión, silencio, equilibrio.
Estado exterior: dominio, autocontrol, autorrealización.
Duración del sueño: cuatro horas.

Postura durante el sueño: mudable.
Acciones: ver, observar, reconocer, ordenar.
Obstáculos: pensamientos coactivos, violencia.
Glándulas: pineal.
Partes del cuerpo: ojos, nariz, cerebelo, orejas, sistema nervioso.
Sentido: visión sutil.
Enfermedades físicas: jaquecas, ceguera, pesadillas, tensión ocular, zumbidos, vista desenfocada, laberintitis.
Enfermedades psíquicas: neurosis.
Vayu: —
Edad: entre 38 y 42 años.
Plano: Tapas Loka (plano de la ascesis).
Planetas: Guru (Júpiter), Varuna (Urano).
Signos zodiacales: Sagitario, Acuario, Piscis.
Metales: plata, plomo.
Alimentos: alimentos puros que actúan sobre la mente.
Perfumes: anís estrellado, acacia, azafrán, violeta, geranio, rosa, jazmín, menta, musgo blanco, jacinto.
Colores: índigo, turquesa, ciclamino.
Piedras: lapislázuli, cuarzo, amatista, apatita purpúrea, azurita, alejandrita, sodalita, perla, zafiro y fluorita.
Animales: lechuza.
Fuerza operante: óptica ampliada.
Yoga: Yantra Yoga.
Guna: sattva.
Dirección: hacia arriba.
Flores de Bach: Gentian, Gorse, Hornbeam, Larch, White Chestnut, Wild Oat.

En todas las escrituras tántricas, Ajna Chakra se presenta como la confluencia de tres canales: Ganges, Yamuna y Sarasvati. El Ganges es el río sagrado, el más venerado por los hindúes; Yamuna es el curso de agua en cuyas riberas Krishna, una de las diez encarnaciones del dios Vishnú, pasó unos años de su vida; y Sarasvati es un río subterráneo y, por lo tanto, invisible.

Los yoguis, los maestros y los cabezas de familia van a bañarse una vez cada doce años a la confluencia de los tres ríos, en un lugar llamado Allahabad, el antiguo Prayag; es el momento en el que, según la leyenda, el agua se transforma en néctar purificador.

En el yoga, si Muladhara es el manantial y los otros chakras son los afluentes, Ajna Chakra es el Prayag de las corrientes energéticas, la confluencia de los tres nadi principales: Ida, Pingala y Sushumna. Y, cuando la mente se zambulle en ella, reaparece purificada, transformada y dotada de la plena conciencia de la que había sentido la falta.

No por casualidad, Ajna se deriva de la raíz sánscrita *Jna*, «conocer», «obedecer» o «seguir». Literalmente, significa «chakra del mando», pero también se le conoce como «chakra del gurú», porque en él habita el gurú interior, el maestro invisible, el único al que debemos aprender a seguir. De hecho, es aquí donde el maestro exterior entra en contacto con el interior, y el mando se dirige únicamente hacia nosotros mismos, y no hacia los demás. Pero, para que esto ocurra, para que la chispa se encienda, es indispensable despojarse del ego individual, de las distracciones de la mente, de los deseos, de las ansias, de las preocupaciones, y alcanzar la condición del vacío.

Pensemos en un vaso lleno de agua. ¿Cómo podríamos verter en su interior un buen vino, si el agua lo llena hasta el borde? Para poder beber el vino, tendremos que verter el agua hasta que el vaso esté vacío. Sólo entonces habrá espacio suficiente para contener el vino. Pero no es suficiente. Si la conciencia, reducida al vacío, se amodorra, entonces se vuelve estática y la luz no se enciende. No basta con tener el vaso lleno de vino ante nosotros: es preciso que el cerebro, que coordina todas nuestras acciones, ordene a la mano que lo coja y lo lleve a la boca. Lo mismo ocurre en el plano sutil del despertar: la orden llega desde Ajna Chakra, a través de la voz del maestro interior.

En lo físico y lo anímico

No es una casualidad que el centro del poder resida precisamente en medio de la cabeza, en la región de la mente, en correspondencia directa con la glándula pineal, un poco más arriba del cerebelo. Y, desde el momento que la mente, el pensamiento y el discernimiento representan su campo de acción, no podría más que entreabrirse al término del recorrido evolutivo como última etapa de la ascensión de Kundalini.

Pensamiento y materia no son más que dos caras distintas de una única realidad, la energía, con la única salvedad de que el pensamiento es una energía muy sutil, que vibra a una velocidad muy elevada y la materia, concentrada y lenta, otra forma energética más baja y, por ello, perceptible a través de los sentidos. Cuando el mago, el chamán o el yogui en posesión de los siddhi materializan o desmaterializan objetos, no hacen más que cambiar el «voltaje» de la energía-pensamiento, aumentando o disminuyendo su velocidad.

Sin embargo, también a niveles menos altos de evolución, en la vida de cada día, el poder del pensamiento se hace evidente: cada vez que nos ocurre lo que más temíamos, cada vez que deseamos mal a alguien y luego lo vemos en un aprieto, pero también cada vez que somos optimistas y conseguimos lo que deseamos, estamos cumpliendo un pequeño y casi inconsciente acto de magia mental. El pensamiento, fecundado por la voluntad, es tan potente que se materializa a través del éter. Somos lo que pensamos que somos. Todo cuanto existe, afirman las escrituras de todos los pueblos, ha sido concebido y visualizado por el Absoluto, quien pronunciando su nombre ha dado la vida.

El primer paso para crear cualquier cosa es pensarla y verla como si existiera; con el riesgo de que, si la calidad del pensamiento no es puro, junto con las imágenes deseadas que deben realizarse aparecerán los miedos, los odios y las pasiones negativas. Un bote de barniz puede ser muy útil si se utiliza con seguridad para pintar una pared, pero para el pintor torpe, que se mancha la ropa y los ojos de pintura, puede convertirse en una maldición.

Lo mismo ocurre con el pensamiento visualizado gracias a Ajna Chakra, que los hindúes llaman «tercer ojo»: el ojo de la mente, el ojo que, al «ver», crea. Un arma muy poderosa y maravillosa, y aun así peligrosísima si cae en manos de quien no es capaz de controlarla. Esta es la razón por la que Ajna está destinado a entreabrirse sólo al final de un largo recorrido: para pensar bien y, por consiguiente, para crear lo mejor, hay que ser una persona madura, que ya se haya purificado y refinado, que haya extraído, cuadrado y pulido el diamante aún oscuro e informe que dormita como una divinidad prisionera en cada uno de nosotros. Una ayuda preciosa, que facilita el trabajo y protege contra dispersiones peligrosas, nos viene en este caso de los mantra y los *yantras*, sonidos para repetir e imágenes simbólicas para visualizar, que dirigen dulcemente el pensamiento en la dirección deseada.

En la vida cotidiana, cuando Ajna está más activo se suele empezar a ejercer una función profesional directiva. Sea cual fuere el trabajo asumido, la experiencia acumulada confiere una cierta aureola de autoridad. Suele ocurrir entonces que nos piden consejo las personas más jóvenes e inexpertas, o que llamamos la atención gracias al carisma ganado.

En torno a la encrucijada de los cuarenta años, edad que Dante definía como «la mitad del camino de nuestra vida», el sendero existencial ya ha sido trazado. No abundan las personas que todavía no han decidido a esta edad lo que harán de su vida, de su carrera profesional, de su vida emocional. Y, normalmente, quien se encuentre en esta situación se castigará con sentimientos de culpa o derrota, o bien descargará el peso de sus frustaciones en causas externas, ya sean los padres, una pareja desafortunada o la mala suerte.

No es casual que muchas parejas entren en crisis a esta edad, cuando las decisiones tomadas y los resultados obtenidos empiezan a recapitularse, reelaborarse y discutirse: entonces, ante la suma de las experiencias vividas, se genera una sensación de desconcierto, una insatisfacción incomprensible. E incluso cuando la familia, la carrera y la economía parecen ir viento en popa, se siente la carencia de algo. Es la llamada del espíritu, del mundo interior descuidado hasta entonces, ocupados como estábamos en construirnos una existencia sólida y satisfactoria.

Pero ahora, una vez alcanzados los objetivos primarios que nos permiten asegurarnos una plácida supervivencia y una tranquilizadora vida en familia, el apartamento en la playa, el coche, las vacaciones, el ascenso a jefe de la sección, ya no nos llenan. ¡Cuánta gente hay que, a pesar de estar rodeada de familiares, colegas y amigos, se sienten inexplicablemente solos, e incluso un poco aturdidos! Como si, de repente, todo lo que se hubiera conseguido hasta entonces contara muy poco y en la búsqueda del tesoro nos hubiéramos metido en un callejón sin salida. El tesoro está en otra parte: más allá de lo tangible, del que hemos acumulado abundantes provisiones.

Y Ajna, la dimensión del conocimiento y la renuncia, reclama su parte. Sin embargo, si la barca está bien construida, atravesará indemne el oleaje de la incertidumbre y recuperará gradualmente la ruta. El conocimiento nos llega entonces como un relámpago intuitivo, y podemos ver las situaciones con una claridad que hace exclamar a los demás: «¡Qué sabio te has vuelto!».

Y si, en las fases anteriores, se ha contado únicamente con las propias fuerzas, luchando desesperadamente para llegar, ahora se empieza a vislumbrar el designio de lo Absoluto, el Gran Arquitecto de los mundos que coordina nuestras vidas desde lo alto.

Nace entonces una nueva conciencia, la confianza en el universo, donde todo tiene un sentido preciso y, vayan como vayan las cosas, incluso si se tuercen, no puede haber nada equivocado. No por casualidad, entre los colores de Ajna (siendo el índigo la base), destacan el amarillo, el azul y el violeta, asociados respectivamente con el conocimiento racional, la intuición y las facultades extrasensoriales.

En el plano físico, Ajna trabaja sobre el cerebro, el sistema nervioso, los ojos, las orejas, la cavidad nasal, todos ellos órganos y funciones que, tras cuarenta años, tienden a producir alguna que otra molestia. Aparecen entonces las gafas para la presbicia, los dolores de cabeza, los vértigos y zumbidos a causa del estrés, todos ellos señales emitidas por Ajna, que pellizca, tira, querría entreabrirse, pero no puede.

En efecto, en esta época y en esta sociedad, es muy raro encontrar personas dotadas de un «tercer ojo» completamente abierto, garante de un estado de perfecta conciencia. Pero la búsqueda orientada hacia lo sutil, el redescubrimiento de los valores de la intuición, del idealismo y de la fantasía a despecho del frío racionalismo (tras la estela de los temas de la New Age, que está implicando cada vez a más personas), señala que en muchas personas, en estos momentos, Ajna Chakra se ha puesto en movimiento y empieza a funcionar de modo armónico.

Se manifiestan entonces las chispas intuitivas, la capacidad de percibir los diversos planos del ser, las mil caras de la realidad a través de los símbolos, más allá de la apariencia, en otro tiempo prerrogativa de unos pocos iniciados. Meditaciones, visiones, sueños y percepciones pasan gradualmente a incorporarse a la vida cotidiana, superando los límites espaciotemporales del pensamiento corriente. Nada parece imposible, cada cosa tiene una razón de ser y una clave para realizarla, a condición de que el orden del universo no sea alterado.

Funcionamiento excesivo

La primera señal de un mal funcionamiento del sexto chakra es una sensación de pesadez en la cabeza, un incremento desatinado de las facultades intelectuales a despecho de los otros planos del ser, sensorial, emotivo y afectivo. El análisis puede ser objetivo y penetrante, pero le falta una chispa adicional, esa capacidad de observar la realidad en sus diversos aspectos y después desde arriba, en su conjunto. Nos arriesgamos entonces a volvernos arrogantes, despreciando todo aquello que no pasa por la vía de la inteligencia racional y que no puede demostrarse científicamente.

Sueños, intuiciones, visiones, facultades extrasensoriales, todo lo que escapa al control racional resulta negado con vehemencia, escarnecido con aspereza, alejado agresivamente. Una reacción demasiado desmesurada para ser genuina, exasperada para ocultar una atracción muy fuerte y un miedo aún más intenso ante lo invisible.

Sin embargo, en ciertas ocasiones la fe en lo sutil no está ausente, sino todo lo contrario. El problema es que tratamos de aprovecharnos de ella, usándola para el enriquecimiento personal o para influir y someter a los demás imponiéndoles nuestros propios deseos. El objetivo es demostrar el poder que tenemos o bien satisfacer las propias ambiciones sin preocuparse de las necesidades y los deseos ajenos. Otras veces, a pesar de no perjudicar a nadie, uno acaba dañándose a sí mismo. Las intuiciones no nos faltan, y aún menos la imaginación, pero, seducidos, animados por la novedad de la experiencia, tendemos a cargar las tintas y atravesamos con demasiada fogosidad la cortina de lo real. Entonces, cercenados los últimos contactos con la realidad, el riesgo de perder el centro, errar el tiro y perderse en ilusiones estériles, entre las proyecciones imaginarias de la mente, se hace cada vez más agudo.

Funcionamiento deficitario

Es el caso de la inmensa mayoría de los materialistas, de los científicos furiosamente apegados a sus principios. De todos aquellos que, por rigidez o miedo, se niegan a subvertir, aunque sólo sea por una vez, su visión del mundo y tratar de ver las cosas desde el otro lado. La única realidad que parecen aceptar es la material, perceptible a través de los sentidos físicos, mensurable y controlable gracias a los instrumentos tecnocientíficos. Con un amplísimo margen concedido a las emociones burdas y a los deseos físicos incontrolados.

Todo lo que trasciende el cuerpo y la materia (la comida, el sexo, el dinero o la apariencia) se presenta entonces como una pérdida de tiempo. ¿Por qué perder el tiempo elucubrando y discutiendo sobre bobadas sin fundamento, cuando hay que preparar la cena, lavar el coche e ir a la peluquería? En este caso, las opiniones se adecuan a la boga actual, a la monotonía habitual, pero basta un imprevisto o una leve desviación del camino para perder la cabeza. No son raros los problemas de memoria, el razonamiento confuso y viciado por las emociones, los trastornos visuales y una sensación generalizada de inadecuación y desconcierto.

El símbolo

Por encima de Ajna Chakra, los tres nadi superiores dejan de existir. Ya no puede hablarse de Ida, Pingala, Sushumna, ni de Ganges, Yamuna y Sarasvati. Hay una relación directa, casi prioritaria, entre Muladhara y Ajna Chakra (y entre este y Sahasrara), razón por la cual, en ciertas representaciones, el triángulo invertido, *yoni*, o bien la matriz, el símbolo de la creatividad y de la manifestación, está presente en ambos.

En el interior de esta forma creativa se encuentra el *Shiva lingam* de Itara, que unas escuelas identifican con el miembro sexual, otras con el cuerpo astral y que, según el Tantra, es el envoltorio de la personalidad compuesto de materia sutil. Ahora bien, si en Muladhara el lingam es de color gris azulado, puesto que su contenido es humo, y en Sahasrara ya es luminoso, en Ajna, en cambio, es negro.

Ajna Chakra

De hecho, a quien se concentra en la conciencia astral en un estadio aún no evolucionado, se le manifiesta de forma vaga, como una columna de humo que aparece y desaparece. Después, con la meditación más profunda y la victoria sobre las inquietudes de la mente, parece consolidarse y se ennegrece, tal y como aparece en todas las representaciones en los templos, ya que, al focalizarse en el *Shiva lingam* negro, la percepción que recibe de él es una columna blanca y luminosa.

Hasta que, continuando hacia delante, se enciende gracias a un reflejo cada vez más luminoso: es el estadio de la conciencia astral iluminada, conocido como *Jyotir lingam*, un estado que tanto puede exigir años de práctica como manifestarse de repente, con una luminosidad súbita y deslumbrante.

«Al principio aparecerá un punto luminoso de color blanco, grande como la punta de una aguja entre las cejas, el punto que en el cuerpo sutil corresponde a Ajna Chakra», decía el maestro hindú Shivananda a sus discípulos. Y continúa: «Con los ojos cerrados veremos colores distintos, blancos, rojos, amarillos, colores vaporosos o centelleantes, como fuego o carbones ardientes, o moscas luminosas, o bien la luna, las estrellas, el sol; cuando aparezcan estos atisbos, estaremos viviendo entre dos planos». «Con los ojos cerrados veremos»: por ello, Ajna recibe también el nombre de Shiva Netra, «ojo de Shiva», o Jnana Netra, «ojo de la sabiduría». En efecto, Ajna trabaja siempre en pareja con el chakra superior Sahasrara, y su activación se basa en los mismos principios: hacer conscientes los latidos de la sangre en las distintas zonas del cerebro, favoreciendo su vascularización y estimulando todas las facultades que se conectan con ella.

El símbolo de Ajna es el círculo, ya que el círculo alude siempre al vacío, y el vacío *(shunia)*, junto con la conciencia *(chaitanya)* y la beatitud *(ananda)*, son características del *samadhi*, el estado de hiperconciencia del iluminado. Es un estado en el que la existencia terrenal deja de percibirse y de tener importancia.

A izquierda y derecha del círculo sobresalen dos pétalos de color blanco lechoso (porque el dos es el número de la pareja y de la polaridad que espera reunificarse), que llevan inscritos en oro los símbolos del sol y de la luna, o bien las dos letras *ham* y *ksham*, el *bija mantra*, respectivamente, de Shiva y de Shakti, unidos en la figura andrógina de Ardhanarishvara, medio hombre (Shiva) y medio mujer (Shakti). La parte masculina tiene la tez azul alcanfor y sostiene en la mano derecha un tridente, símbolo de los tres aspectos de la conciencia: conocimiento, voluntad y amor. La contrarréplica femenina, por el contrario, tiene el rostro rosado, resaltado por un sari rojo fuego con ornamentación dorada, mientras que en la mano izquierda tiene un loto rosa, símbolo de la pureza. También el número de los dos pétalos, el dualismo de los opuestos conciliados en el centro, tiene una función meramente simbólica. En realidad, Ajna vibra a una velocidad tal que sus pétalos serían innumerables: así pues, el dos representa el infinito.

Si Vishuddha tenía poder sobre el espacio, Ajna gobierna el tiempo.

La diosa del Ajna Chakra es Hakini, la de los seis rostros rojos, dotados de tres ojos cada uno, que está sentada en el centro de un loto blanco, lo que subraya su pureza. La señora de la verdad incondicionada sostiene entre las manos el tambor de Shiva que, con su redoble, guía al aspirante en su vida; la calavera, emblema del desapego; el *mala* (rosario), instrumento de concentración, mientras que la última mano ejecuta el mudra que ahuyenta cualquier miedo.

En otras representaciones, Hakini aparece acompañada por Paramshiva, que se manifiesta en forma de relámpago, fúlgido, cristalino y dotado de tres ojos, o bien de oca salvaje, el pájaro que vuela alto, en las regiones puras del espíritu. La oca silvestre se identifica con la respiración, el pranayama, uno de los medios más intensos con los que cuenta el hombre para hacer ascender a Kundalini y controlar su poder.

El despertar del sexto chakra

La concentración sobre Ajna incentiva la actividad de la glándula pineal, conocida también como «tercer ojo».

Pero si la humanidad actual, a causa de la atrofia del tercer ojo, está ciega a lo invisible, al aspecto inmaterial de la realidad, nadie ha dicho que el mismo destino esté reservado a las generaciones venideras.

La glándula pineal, es un pequeño corpúsculo rojo en forma de piña (de donde deriva el término *pineal*) que alcanza la madurez completa hacia el séptimo año de vida, cuando, según la tradición popular, el niño alcanza la edad de la razón. Este órgano ha sido un misterio incluso para la ciencia moderna, al menos hasta que las investigaciones más recientes en el campo de la fisiología han relacionado la glándula, o mejor, el producto de su secreción (la melatonina) con los ciclos reproductivos, la sensibilidad a la luz y, en consecuencia, con los ritmos circadianos del sueño y la vigilia, así como con todas aquellas percepciones extrasensoriales (sueños, visiones, fenómenos telepáticos y precognitivos, escritura automática, comunicación con otros mundos) que en Occidente reciben el nombre de «sexto sentido» y que se cuentan entre los siddhi hindúes, los poderes superiores a los que se accede a través de la práctica del yoga. Hasta el punto de que ciertos yoguis desdeñan todos los demás chakras y se concentran únicamente en Ajna, puesto que el dominio de este permite controlar los restantes.

De hecho, quien medita sobre Ajna expía cualquier pecado e impureza y su aureola se vuelve tan intensa que calma a todo aquel que se le acerca. Todo su cuerpo, y no sólo la boca, produce entonces la vibración *om*. Y, en virtud de todo ello, adquiere el poder de penetrar en los cuerpos ajenos, comprende el significado íntimo del conocimiento cósmico y se siente capaz de escribir textos sagrados.

Incluso la posición de Ajna en el cuerpo, en la cúspide de la columna, en forma de un ovillo de hilos, dice mucho acerca de su función: Ajna Chakra es, en cierta manera, una especie de central eléctrica en la que se produce el intercambio entre el propio yo y el de los demás seres, allí se encuentran el maestro interior y el de carne y hueso. Este chakra está más desarrollado en la mujer que en el hombre y también resulta muy activo en los animales. Gracias a él, captan los pensamientos de su amo, poseen un sentido inexplicable del tiempo y logran encontrar el camino a casa incluso a centenares de kilómetros de distancia. Por no hablar de casos en los que,

alertados por una sensación misteriosa, avisan a las personas de un peligro inminente, consiguiendo en no pocas ocasiones salvarlos.

Dado que la concentración sobre Ajna Chakra resulta más bien ardua, en el yoga y en el Tantra es sustituido por Bhumadhya, el centro situado entre las cejas, donde las mujeres casadas, en la India, se pintaban un punto rojo y los niños se santiguaban con pasta de sándalo. Para facilitar su despertar, podemos masajear este punto con bálsamo de tigre, aplicándonos movimientos circulares en sentido horario, o practicar la concentración en el cielo estrellado, en el que perderemos la mirada sin pestañear hasta que los ojos nos empiecen a llorar. Como alternativa, podemos practicar el Sambhavi Mudra, que se realiza en posición sentada, con el tronco erguido, los ojos abiertos y la mirada hacia el entrecejo.

Entre las técnicas yóguicas, hay que insistir especialmente en las posiciones invertidas (con la cabeza hacia abajo, como Sirsasana y Viparitakaraniasana), aunque contraindicadas para las mujeres durante la menstruación. Su acción se verá reforzada visualizando y repitiendo mentalmente la sílaba sagrada *om*.

Las técnicas

Ejercicio de concentración sobre el mandala de Ajna Chakra

Nos haremos con una cartulina blanca, en cuyo centro dibujaremos un círculo amarillo con dos pétalos negros. La colgaremos en la pared, a la altura de los ojos, nos sentaremos cerca, a 1 m de distancia, y concentraremos en ella la mirada. Seguiremos así, sin desviar la atención, hasta que empecemos a sentir los ojos cansados.

En este punto, los cerraremos y descubriremos cómo la imagen que habíamos estado mirando se recompone inmediatamente en nuestro campo visual, pero con los colores complementarios a los del dibujo, que por otro lado son precisamente los que nos ha transmitido la tradición: violeta en el centro y blanco en los dos pétalos.

Ejercicios para los ojos

Nos sentaremos con el tronco erguido, las palmas de las manos sobre las rodillas y las piernas en escuadra. Cerraremos los ojos y nos concentraremos en el punto central de la cabeza, a la altura del entrecejo. Abriremos después los ojos y miraremos en línea recta hacia delante; levantaremos lentamente la mirada hacia arriba, sin mover la cabeza. Ahora trazaremos una vertical hacia abajo, manteniendo la cabeza inmóvil. Los volveremos a cerrar y descansaremos unos instantes.

Ahora, volveremos a empezar repitiendo los movimientos anteriores, no en vertical sino en horizontal. Reposaremos de nuevo, y empezaremos otra vez, moviendo esta vez la cabeza en diagonal.

Acabaremos con unas rotaciones completas de los ojos, primero en el sentido de las agujas del reloj y luego al revés. Volveremos a cerrar los ojos, nos frotaremos levemente las palmas unos instantes y las apoyaremos sobre los párpados, masajeando suavemente.

Kriya para Ajna Chakra

Kriya significa literalmente «purificación», «limpieza»; hay que soplar vigorosamente durante la fase de espiración, tantas veces como pétalos tenga el chakra. En el caso de Ajna Chakra, inspiraremos lentamente, manteniendo el tronco bien erguido y expulsaremos el aire por la nariz, con dos soplos vigorosos separados por una pequeña pausa.

Lakini Mudra: gesto de Lakini, diosa de la virtud

Nos sentaremos sobre los talones; al espirar, doblaremos el tronco hacia delante y nos llevaremos las manos a las rodillas. Con una inspiración, levantaremos la pelvis y cargaremos el peso sobre las manos. Espirando, estiraremos la pierna derecha hacia atrás, y separemos las manos del suelo para llevarlas hacia la rodilla izquierda. Con una lenta espiración, llevaremos el brazo derecho hacia atrás, girando el tronco al mismo tiempo. Apoyaremos la mano abierta sobre la pierna y concentraremos la mirada en la palma. Después, inspirando lentamente, recuperaremos la posición inicial. Lakini Mudra combate la jaqueca y los vértigos y atenúa los trastornos visuales y de equilibrio. Ahuyenta las pesadillas y favorece la intuición y las percepciones extrasensoriales.

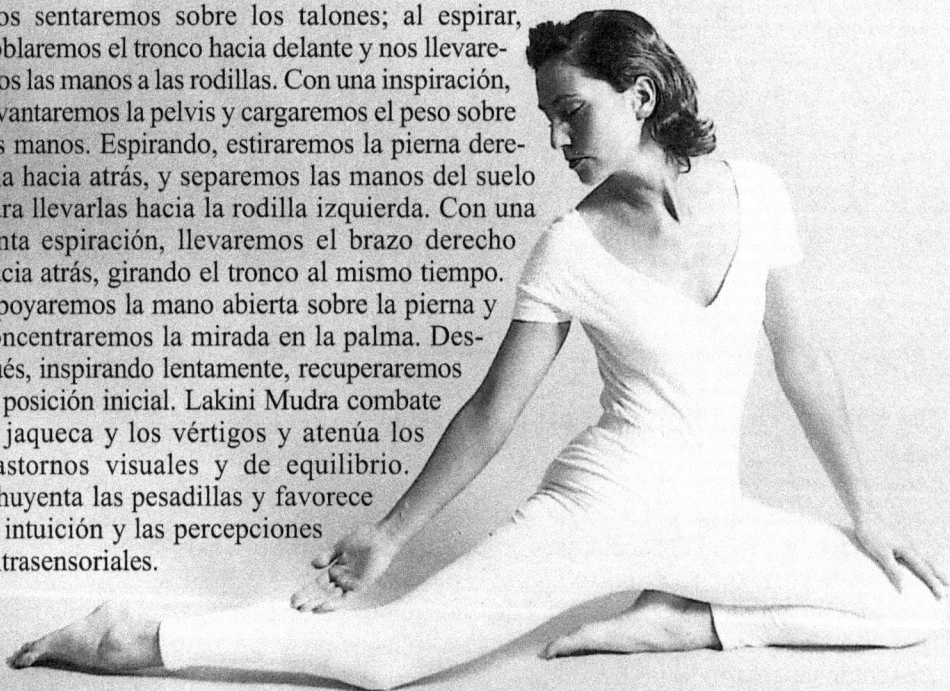

Dharmikasana: posición de la devoción

Nos sentaremos sobre los talones abiertos, con los dedos gordos de los pies unidos, y realizaremos un par de ciclos respiratorios completos. Concentraremos la atención en la columna y trataremos de visualizarla mientras la estiramos a cada inspiración y la relajamos a cada espiración.

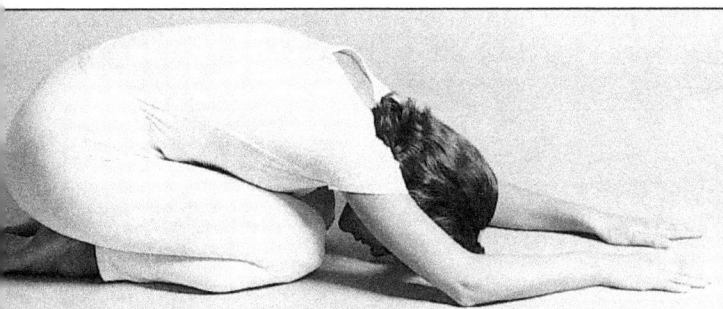

Inspiraremos de nuevo y, al espirar, inclinaremos el tronco hacia delante, extendiendo al mismo tiempo los brazos hacia delante, hasta tocar con la frente y la nariz el suelo. Mantendremos la posición durante diez ciclos respiratorios, y a continuación, al inspirar, volveremos a levantar el tronco. Acabaremos vaciando completamente los pulmones con una larga espiración. Dharmikasana estimula los chakras Ajna, Manipura y Muladhada. Además, relaja la espalda, tonifica los órganos abdominales y atenúa la jaqueca y los dolores de barriga.

Sin embargo, hay que tener cuidado con las contraindicaciones: artrosis cervical y hernia discal.

Parsva Konasana: posición lateral en ángulo

A partir de la posición inicial, de pie y con las piernas separadas, inspiraremos profundamente y a continuación giraremos el tronco hacia la derecha; con una lenta espiración, lo flexionaremos hacia delante, hasta llevar la frente a la altura de la rodilla. Mantendremos la posición durante cinco ciclos respiratorios, y seguidamente al inspirar volveremos a levantar lentamente el tronco hasta enderezarlo por completo. Lo repetiremos con los mismos tiempos en el lado izquierdo.

Parsva Konasana, además de actuar sobre el control mental y sobre la percepción, proporciona también elasticidad a la columna, las piernas y las caderas, tonifica los órganos abdominales y regula el flujo menstrual.

Uttanasana: posición de tensión

Nos pondremos de pie, con las piernas ligeramente separadas. Con una lenta espiración, doblaremos el tronco hacia delante hasta cogernos los tobillos con las manos. Trataremos de mantener la cabeza alta y de no arquear la espalda. En este punto, con una nueva espiración, trataremos de aumentar la flexión, doblando los codos y el tronco hasta colocar la cabeza entre las piernas. Mantendremos la postura durante cinco ciclos respiratorios; al espirar, volveremos a levantarnos muy lentamente: primero, la cabeza (aún con las manos en los tobillos) y, después, el tronco.

Gracias a la acción simultánea sobre Svadhishthana, Manipura, Vishuddha y Ajna, Uttanasana estimula la hipófisis, tonifica los órganos abdominales, cura el resfriado y las secreciones producidas por el catarro, proporciona elasticidad a la espina dorsal, calma las arritmias cardíacas y corrige las pequeñas imperfecciones de las piernas.

Padahastasana: posición de las manos debajo de los pies

De pie, con las piernas separadas unos 30 cm, espiraremos y, sin doblar las piernas, inclinaremos el tronco hacia delante hasta cogernos los dedos gordos de los pies o, meter los dedos por debajo de las puntas de los pies. Mantendremos la posición durante cinco ciclos respiratorios, y al espirar volveremos a levantar la cabeza.

Nos relajaremos un instante y acabaremos levantando el tronco.

Gracias a la estimulación conjunta de Manipura y de Ajna, Padahastasana actúa principalmente sobre la esfera psíquica, contrarresta la ansiedad y la amnesia e infunde vigor mental y físico.

Favorece también en caso de artrosis, hernia, palpitaciones y disfunciones del hígado, de los riñones o del aparato digestivo.

Padmasana: posición del loto

Sentados en el suelo con el tronco erguido y las piernas estiradas y ligeramente separadas, nos cogeremos el pie izquierdo y lo apoyaremos sobre el muslo derecho, con la planta orientada hacia arriba; a continuación, haremos lo mismo con el derecho, que apoyaremos sobre el muslo izquierdo. Pondremos las manos sobre las rodillas con las palmas orientadas hacia arriba con el índice doblado hacia el pulgar hasta formar un anillo y estirando el corazón, el anular y el meñique. Esta postura favorece la relajación, la concentración y la meditación.

Yoni Mudra: sello del regazo

Nos sentaremos con las piernas cruzadas o, si ya estamos acostumbrados, en la posición del loto. Nos pondremos las manos sobre la cara y cerraremos las orejas con los pulgares, los ojos con los índices, las aletas de la nariz con los corazones, el labio superior con los anulares y el inferiores con los meñiques, colocando los codos a la altura de los hombros.

Cerrando todos los canales de unión con el exterior, Yoni Mudra aísla del ambiente reforzando el interior, con efectos notables sobre el sistema nervioso, la percepción, la intuición y la memoria.

El mudra

Sentados con las piernas cruzadas o, mejor aún, en la posición del loto, flexionaremos los brazos y presentaremos las palmas de la mano hacia delante, con los dedos unidos hacia arriba.

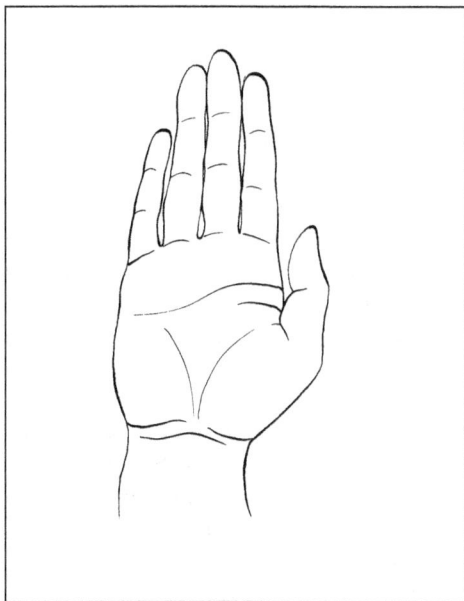

La comida

En esta fase de la evolución, el cuerpo está en disposición de establecer por sí mismo lo que necesita en cada ocasión. Se tratará, por supuesto, de alimentos puros, no adulterados ni contaminados con aditivos y conservantes. Es fundamental mantenerse lejos de los excitantes y drogas que despiertan demasiado violentamente el chakra u obstaculizan su correcto desarrollo.

La música

Podemos escuchar cualquier tipo de música: New Age, clásica (sin olvidar al inimitable Bach), música para la medi-

tación, siempre y cuando se trate de melodías puras y relajantes, capaces de suscitar imágenes cósmicas. Vocalizaremos con frecuencia el sonido *ihh*, que eleva el flujo de energía, entonándolo en *la*.

Los colores

El índigo es el color del arco iris que mejor se adecua a la vibración de Ajna Chakra. Es un color extraño, a medio camino entre el púrpura y el azul, tan oscuro que en ocasiones parece casi negro, a pesar de esos toques de rojo y azul que lo caracterizan. Concentrarse en un campo de índigo es siempre un buen ejercicio para el desarrollo de Ajna Chakra, porque fortalece y refina los sentidos, al tiempo que infunde profundidad, serenidad y claridad a la mente. Podemos añadirle, además, el ciclamino —entre púrpura y lavanda— y el turquesa.

Los cristales

La amatista, colocada sobre la frente, favorece los estados alterados de la conciencia, espolea la visión y disipa la pesadez del pensamiento negativo. Del mismo modo, la azurita y el zafiro, al purificar la calidad vibratoria del ser, facilitan la comunicación con los entes angélicos, mientras que la perla y la fluorita actúan como escudos protectores frente a las energías bajas, combaten la depresión y confieren serenidad y sensatez.

También el azul intenso del lapislázuli, similar a un cielo nocturno, estimula las facultades perceptivas e infunde confianza en la justicia de las leyes cósmicas, ayuda a comprender los significados ocultos tras las cosas y suscita una profunda maravilla ante el milagro de la vida.

De forma similar, la sodalita procura serenidad, refuerza el sistema nervioso y libera de los esquemas de pensamiento absorbidos acríticamente y ya superados. Además, infunde la energía necesaria para sostener las propias opiniones y llevar a la práctica convicciones y conocimientos en la vida diaria.

Los perfumes

Para liberar los bloqueos y superar los prejuicios de la mente, necesitaremos la frescura mercuriana de la menta. Podemos emplearla de cualquier forma: en hojas directamente en el té, con guisantes en una tortilla, como aceite esencial en los aromatizadores de armario, en atomizador, en el agua del baño, o sobre terrones de azúcar de caña, como deliciosos caramelos estimulantes y digestivos. El perfume intenso del musgo blanco y del jacinto apacigua las intemperancias de Ajna, estabilizando su actividad, mientras que el geranio y la violeta aumentan su tono. Por no hablar del jazmín, cuya delicada fragancia abre la mente a las visiones y mensajes procedentes de otras dimensiones. Podemos utilizarlos como fragancias para el hogar, o sustituirlos, diluidos en aceite de oliva, en el bálsamo de tigre que aplicaremos directamente sobre la frente con un masaje circular.

La meditación

En una noche serena, nos sentaremos a mirar el cielo profundo y estrellado. Para adaptarnos mejor al fluir de la energía de abajo a arriba, la postura debe ser correcta, con la espalda erguida y los pies pegados en el suelo, mientras que las manos se apoyan sobre las rodillas.

A continuación, cerraremos los ojos y trataremos de reconstruir la imagen del cielo en nuestra pantalla mental, de un azul violáceo intenso.

Imaginaremos una nubecilla de este color suspendida ante nuestro rostro y, con cada inspiración, visualizaremos un vapor azulado que nos penetrará por la nariz, ascenderá y llenará lentamente nuestro campo visual. Empezaremos entonces a pronunciar la sílaba *om*. Para ello, vocalizaremos una *a* seguida inmediatamente por una *u*, nasalizándola para percibir su vibración en todo el cráneo. Con cada *om*, una estrellita plateada o un puntito se encenderán ante nuestros ojos. Seguiremos repitiendo el mantra, intercalando profundas respiraciones, hasta que veamos todo nuestro campo visual punteado de estrellas. Sólo entonces trazaremos mentalmente una cruz de luz blanca, y entonces volveremos a abrir lentamente los ojos.

Sahasrara Chakra

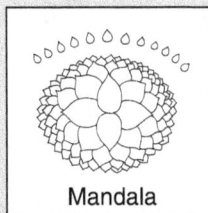

Nombre en sánscrito: Sahasrara.
Significado: (loto) de los mil pétalos.
Situación: en la cúspide del cráneo, en la coronilla.

Mandala

Palabras clave: libertad, paz, alegría.
Funciones: liberar, unificar, informar, comprender.
Rotación: derecha para el hombre, izquierda para la mujer.
Tattva: pensamiento.
Color del tattva: multicolor.
Forma del tattva: círculo.
Número de pétalos: 960.
Color de los pétalos: multicolor.
Letras devanagari: todas.
Sílaba sagrada: *aum*.
Vocal: *mm* (signo *anusvara* del alfabeto sánscrito).
Nota musical occidental: *si*.
Nota musical hindú: *ni*.
Música: silencio.
Divinidades correspondientes: Amalaka, Vishnú, Paramshiva.
Características psíquicas: beatitud.
Estado interior: abandono de sí mismo, unión con el cosmos, perfección, iluminación.
Estado exterior: disciplina, bendición.
Duración del sueño: cuatro horas.
Postura durante el sueño: —

Acciones: trascender.
Obstáculos: vacío, miedo, duda.
Glándulas: hipófisis.
Partes del cuerpo: cerebro, cráneo, sistema nervioso.
Sentido: —
Enfermedades físicas: jaqueca, inflamación cerebral.
Enfermedades psíquicas: fobias, psicosis, depresión, confusión mental, dificultad de aprendizaje.
Vayu: —
Edad: entre 43 y 50 años.
Plano: Satya Loka (plano de la verdad).
Planetas: Chandra (Luna), Varana (Neptuno), Rahu y Ketu (los dos nudos lunares).
Signos zodiacales: Piscis, Capricornio.
Metales: oro.
Alimentos: ayuno.
Perfumes: incienso, flor de loto, romero, bergamota, ámbar.
Colores: violeta, blanco.
Piedras: amatista, cristal de roca, diamante, turmalina blanca, celestita.
Animales: oca salvaje.
Fuerza operante: —
Yoga: Raja Yoga.
Guna: sattva.
Dirección: —
Flores de Bach: Rescue Remedy, Rock Water, Sweet Chestnut, Vervain, Walnut, Wild Oat.

Sahasrara, en sánscrito «(el loto) de los mil pétalos», es una realidad que va más allá del plano humano. No es una experiencia al alcance del hombre de la calle. Su apertura equivale a la iluminación del sabio que se ha identificado con el Todo y ha roto la rueda de los renacimientos (samsara). Y, para demostrarlo, irradia una corona de luz.

En realidad, los mil pétalos de la tradición —puesto que mil significa infinito, y alude a un movimiento vibratorio muy veloz— según la geometría mística del Tantra son sólo 960 (que se derivan de la suma de los 4, 6, 10, 12 y 16 pétalos de los cinco primeros chakras, multiplicados por los 2 del sexto y después por 10). Cada uno lleva inscrita una de las 48 letras del alfabeto sánscrito, repetidas veinte veces: por tanto, una corona luminosa (por eso es el «Chakra de la corona»), resplandeciente de todos los colores del iris, con un claro dominio del violeta, que se yergue en la cúspide de la cabeza.

En su interior, se abre una segunda flor, de sólo doce pétalos y de un blanco luminoso con destellos dorados. Y, al igual que el blanco resume en sí todas las vibraciones cromáticas del arco iris, así también Sahasrara junta todas las calidades energéticas de los seis primeros chakras, que aquí convergen y se alejan para manifestarse.

Aquí se produce el encuentro del yo con el Todo, y nos unimos con el universo y con el principio divino originario, porque aquí, en Sahasrara Chakra, se encierran todas las formas, lo real y lo virtual, lo visible y lo no manifiesto: el punto de partida en el viaje hacia la vida, y el punto de llegada cuando esta concluye. Únicamente aquí el conocimiento intelectual alcanzado a través del camino recorrido se transforma en auténtica conciencia, porque toda separación entre sujeto y objeto se anula definitivamente.

Imaginemos una carretera invisible que uniera a Muladhara, el chakra de la raíz, con Sahasrara, la corona de la cúspide, pasando sucesivamente por otras ciudades que se desgranan a lo largo de este eje, es decir, los otros cinco chakras: una corriente sutil que nos proyecta lejos, en el futuro, en el infinito (el Todo), pero que no por ello nos permite olvidar el pasado, lo que somos, de dónde venimos (el yo). A lo largo de esta línea se producen intercambios energéticos incesantes y sólo dominando sus dos polos extremos, lo alto y lo bajo, podemos asegurarnos el control de todos los demás chakras y de su activación, así como la funcionalidad del organismo en su conjunto.

Desde una perspectiva física, Sahasrara está situado en medio del cráneo, al final del nadi central de Sushumna, cerca de donde se encuentra la fontanela *(brahmarandrah)*. Esta permanece abierta en el recién nacido durante varios meses, lo que le facilita el contacto con la energía cósmica, así como, en el momento preciso de la muerte, se reabre para liberar el prana. No por casualidad, Sahasrara está gobernado por la Luna, el planeta que, exactamente como hace el séptimo chakra con las fuerzas sutiles del cielo, capta, recibe y retransmite hacia abajo la luz solar.

En lo físico y lo anímico

Respecto a la funcionalidad de Sahasrara, no se dan bloqueos propiamente dichos, sino como máximo niveles distintos de desarrollo. Cuando el chakra de la corona empieza a abrirse, al menos durante breves momentos, se experimenta una sensación maravillosa de identificación del yo con la realidad exterior. Ocurre entonces que, mirando un prado, nos sentimos prado, o que, observando una mariposa, nos sentimos mariposa.

Toda diferencia entre el ser individual y lo divino puro y omnipresente resulta anulada instantáneamente. Es cuestión de pocos momentos, porque poco después todo vuelve a la habitual dimensión escindida. Con el ulterior desarrollo de Sahasrara, sin embargo, estos momentos mágicos se hacen cada vez más y más frecuentes, hasta transformarse, para el Iluminado, en una realidad permanente. Y todo esto puede ocurrir de repente, como un velo rasgado. Entonces se tiene la sensación de que acabamos de despertarnos de un largo sueño confuso para empezar por fin a vivir. Ya no daremos más pasos atrás, ahora que el vaso está vacío y listo para recibir la luz divina, y el diamante interior, finamente tallado, se prepara para reflejarla.

Llegados a este punto, uno puede traducir en palabras y en actos los designios del Gran Arquitecto, donde no hay bien o mal, justo o injusto, a condición de que todo alcance su plenitud, el fin para el que se ha sido creado. Por muy doloroso o desagradable que pueda llegar a ser, todo cuanto forma parte de este designio es justo que ocurra. Tal es la certeza de quien ha experimentado la apertura de Sahasrara, porque, gracias a la comunión con el Todo, todas las cosas están presentes en él, a la espera de ser conocidas. Ha comprendido que la materia, las casas, las plantas, los coches, su propio cuerpo, no son más que manifestaciones de energía, y que no existen en cuanto tales. Todo lo que se creía real no es sino un juego ilusorio, una impresión debida al punto desde el que se observa la realidad. Pero es justo entonces, al experimentar el gran vacío, la nada, cuando descubrirá la gran plenitud que se deriva del hecho de haber comprendido.

En el ciclo de siete años en el Sahasrara se presta mejor a ser activado, entre los cuarenta y tres y los cincuenta años, aproximadamente, no hay tiempo que perder. Toda ocasión es buena para adquirir intuiciones y una sensación satisfactoria de plenitud, inaccesible durante los años juveniles. Ahora que excursiones, fiestas y bailes han perdido parte de su atractivo, y que el cansancio físico empieza a dejarse notar, se abren nuevos espacios de experiencias más sutiles e interiores: cursos de meditación y de yoga, lecturas místicas, peregrinajes devocionales fuera y dentro de uno mismo...

Funcionamiento deficitario

Si en lo que respecta a la apertura de Sahasrara no hay exceso posible, porque cuanto más se abra mejor estará, seguro que sí hay una carencia. Es el caso de aquellas personas que a causa de una clausura excesiva del séptimo chakra se sienten presas de la inquietud constantemente, aferradas a lo que creen que es la realidad, y aun así inexplicablemente vacías, insatisfechas, separadas del bienestar que se deriva de la conciencia.

Las energías individuales no se armonizan con el universo si no se sienten tristemente lejanas. No es raro que, si no hemos accedido a la luz durante la edad de activación de Sahasrara (entre los cuarenta y tres y los cincuenta años), empecemos a perder el sentido de la vida, atenazados por la duda de habernos equivocado en todo o por el miedo ante el envejecimiento y la muerte.

Hay quien reacciona zambulléndose en el trabajo y en las responsabilidades, hasta el punto de caer enfermo; otros buscan una razón de ser en aventuras eróticas, mientras que hay quienes incluso se embarcan en interminables, por inútiles, cruceros alrededor del mundo.

Descuidando estos mensajes, uno se arriesga incluso a despilfarrar su actual encarnación en una existencia vacía y superficial, en la que el acceso al desarrollo se ve impedido, a menos que tengamos la humildad de comprender, vaciar la mente de los esquemas y los valores asumidos hasta entonces y disponerse a iniciar el aprendizaje del espíritu.

El símbolo

Consta de novecientos sesenta pétalos multicolores, entre los que destaca el violeta profundo y, en el corazón del gran loto, una coronita más pequeña de doce pétalos blancos y luminosos en cuyo centro se encuentra el disco lechoso de la luna llena, con el triángulo

Sahasrara Chakra

invertido (yoni) inscrito en su interior, donde alberga el gran vacío y todas las cosas tienen su principio y final. Aquí reside Paramshiva, a horcajadas en la oca silvestre *(hamsa)*, símbolo de la identificación entre el Yo y el Todo, que realiza la suprema beatitud, en la destrucción de la ignorancia y los falsos apegos. De hecho, en el símbolo del

hamsa aparecen todas las formas que puede adoptar lo divino, entre las que el devoto elige la que responde mejor a su corazón: Cristo para el cristiano, Buda para el budista, Shiva para el shivaíta y Alá para el sufí.

La energía femenina Shakti brilla aquí como Amalaka, una divinidad lunar luminosa y resplandeciente, que destila chorros de ambrosía. Es aquí donde Shiva se une con Kundalini y de donde mana el néctar que fluye hacia abajo. Por lo tanto, la tarea del yogui es hacer que ascienda la energía serpentina de Kundalini a través de todos los chakras, hasta Sahasrara, donde le espera su señor Paramshiva para estrecharla en un acto de amor. A continuación, una vez degustada la ambrosía que ha brotado de su unión, y se haya convertido gracias a esta Sat-Chit-Ananda (o «verdad-ser-beatitud»), Shakti debe volver a descender a través de los chakras, a los que infunde sucesivamente una nueva vida, impregnándolos de conciencia.

La persona que haya permanecido más o menos tiempo en el cuerpo físico, se identifica ahora con el yo real, por encima del dualismo que ha sabido conciliar. Ahora ya nada podrá turbarla, ni el placer ni el dolor, ni los honores ni los miedos, porque la ilusión del yo individual se ha disuelto definitivamente. En la parábola hindú, un hombre confunde un trozo de cuerda con una serpiente y le asalta el terror, pero entonces se da cuenta de que es una soga, y el miedo desaparece de inmediato. Una vez descubierto el engaño y reconocida la soga, ingresa en el Todo, flota en el Absoluto y, a pesar de haber obtenido todos los siddhi, ya no le interesa experimentarlos.

Según las antiguas escrituras, Sahasrara es la morada del alma que resplandece con una luz propia, refleja el yo y, al mismo tiempo, lo divino que se realiza en cada uno de nosotros.

El despertar del séptimo chakra

Si bien es cierto que para activar y reequilibrar los seis primeros chakras podemos esforzarnos intencionalmente, estimularlos y ejercitarlos, esto no es así para el séptimo. Lo único que puede hacerse es dar el propio consentimiento, abrirse a la luz y dejar que ocurra lo que debe ocurrir. Cuando Sahasrara se activa, cualquier bloqueo eventual aún presente en los otros seis acaba por disolverse, junto con los pensamientos, las emociones y los sentimientos, permitiendo que vuelvan a vibrar sus energías a las frecuencias más altas. En ese momento la respiración se hace más tenue que un hilo —ya que ni siquiera llega a empañar un espejo colocado ante la boca— y la corola luminosa de la cúspide de la cabeza, una vez ha acabado su tarea de receptora de las energías cósmicas, se entreabre de repente y empieza a irradiarlas espontáneamente.

Dos son las fuerzas con las que podremos regarla dulcemente para incitarla a florecer. La primera es el arte del silencio. Tanto en Occidente como en Oriente, casi todas las vías iniciáticas se abren con un largo periodo de aprendizaje dedicado al silencio. En el silencio, todas las ideas cobran forma, porque a cubierto de la prisa por expresarse y de la rapidez de palabra, tenemos todo el tiempo del mundo para analizarlas y valorarlas. Y únicamente en los momentos de silencio absoluto el alma se despierta y se dispone a escuchar la armonía divina.

A todo ello se añade una práctica vieja como el mundo, la conquista de la cumbre de la montaña, formulada incluso por el cristianismo a través de la práctica del peregrinaje a los santos lugares y de las procesiones. Callar y subir, sin esperar nada más. Y, después, detenerse cuando empieza el crepúsculo y recuperarse mirando el disco rojo del sol. El resto, si es que debe llegar, vendrá solo.

Las técnicas

Sirsasana: posición sobre la cabeza

Nos colocaremos en un rincón sin amueblar de la habitación, junto a la pared.

Extenderemos en el suelo una manta doblada o una alfombra tupida y nos arrodillaremos sobre ella. Cruzaremos las manos en forma de copa, las apoyaremos sobre la manta y, levantando la pelvis, inclinaremos la cabeza hasta tocar el suelo con la coronilla. Rodearemos la nuca con las manos entrelazadas, y la sostendremos mientras formamos con los antebrazos, apoyados en el suelo, un ángulo de 60°, cuyo vértice es la cabeza. Iremos acercándonos lentamente a la cabeza, levantaremos la pelvis y, al espirar, nos empujaremos ligeramente con las puntas de los pies para levantar las piernas, manteniendo las rodillas dobladas. La mente estará concentrada en el ombligo.

Sólo tras haber ganado seguridad en este movimiento enderezaremos las piernas poniendo los pies en alto. Mantendremos la posición de uno a cinco ciclos respiratorios, y bajaremos lentamente. Nos quedaremos arrodillados con la cabeza en el suelo durante otros diez ciclos presionando delicadamente las órbitas con los pulgares y después recuperaremos la posición erguida. Si durante la ejecución percibiéramos silbidos y zumbidos, suspenderemos el ejercicio durante un par de días.

Esta postura tonifica todos los chakras y está dotada de mil virtudes terapéuticas: combate la anemia y los trastornos circulatorios, la colitis, la gastritis y la prolaxis de órganos. Alivia la jaqueca, la ciática y los dolores artrósicos, calma la tos, corrige los defectos del porte, la timidez, la ansiedad y previene las arrugas. Además, potencia las facultades mentales, ayuda a concentrarse y refuerza la memoria. Sin embargo, está contraindicada en casos graves de hipertensión e hipotensión, glaucoma, desprendimiento de retina o artrosis cervical aguda.

El mudra

Es idéntico que el indicado para Ajna Chakra (véase pág. 125).

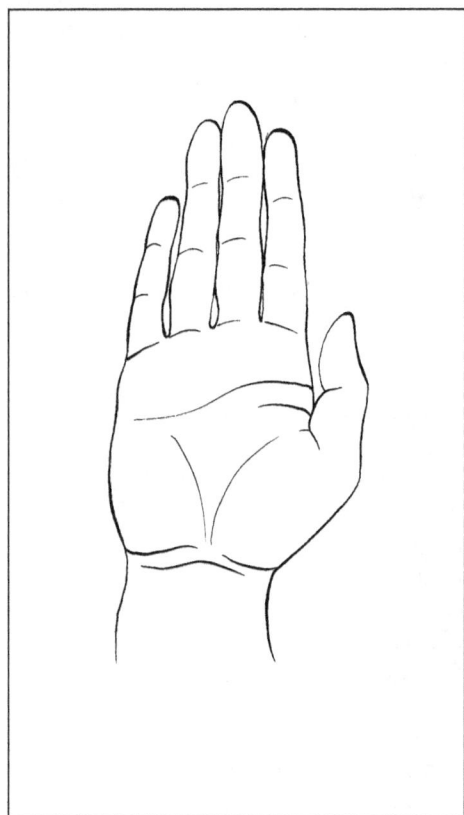

La comida

La dieta ideal para Sahasrara es una abstinencia completa de alimentos sólidos que debe durar por lo menos veinticuatro horas durante las que se puede beber agua e infusiones. Cada vez que se realiza un ayuno, conviene templar de nuevo el cuerpo con un poco de comida, aunque sin excederse.

Con esta práctica, todo el cuerpo, los tejidos, la sangre… en resumidas cuentas, cada célula, reciben una especie de lavado completo que los purifica de las toxinas acumuladas por culpa de la mala alimentación y el estrés. Por ello no es bueno descuidar la última comida que precede al ayuno y la primera que lo rompe: deben ser muy ligeras y digestivas, a ser posible cereales hervidos, zumos y verduras cocidas al vapor.

La música

Cualquier tipo de música es bueno a condición de que favorezca la preparación e invite al silencio. También puede pronunciarse el sonido *mm*, símbolo de la unidad, de la conciencia y de la pureza sin límites, cuna de todas las esencias y de todas las formas, entonándolo en *si*, en una vibración infinita y melodiosa.

Los colores

El color violeta, como el pensamiento, como el cielo durante el crepúsculo y como la capa de los cardenales, es el color de la devoción y la meditación, la onda vibratoria más alta de todo el espectro.

Junto al blanco, síntesis de todas las frecuencias cromáticas y símbolo de perfección y pureza, desencadena profundas transformaciones en la mente, promueve la apertura del séptimo chakra y, al eliminar los bloqueos residuales, purifica, eleva y conduce hacia la experiencia de la unión cósmica con el Todo.

Los cristales

El rojo de la actividad y el azul de la receptividad se funden en la enérgica dulzura de la amatista, que transmite serenidad, elimina los miedos y confiere confianza y devoción hacia las energías del universo.

Además, se le añade el cristal de roca, la gema de la claridad y de la videncia, que infunde luz en el alma y la ayuda a fundirse con el todo, protegiéndola al mismo tiempo de los ataques de las energías negativas.

Las mismas funciones llevan a cabo el diamante, que eleva el potencial espiritual, la turmalina blanca, que facilita el abandono, y la celestita, que fortalece los pétalos de la corona y despierta la tensión hacia lo alto.

Los perfumes

No es raro que el incienso sea la fragancia preferida por todos los ritos de todas las religiones. Purifica el ambiente, revitaliza la conciencia y la conduce hacia las alturas de lo divino, mientras que las ansiedades y tentaciones cotidianas se esfuman en un recuerdo inconsistente.

De manera parecida, el perfume del loto, la flor maravillosa y purísima que se abre en el fango de los estanques, aleja de cualquier contaminación y conduce el ánima, receptiva y preparada, a lo largo del camino que la unirá con lo Absoluto.

La meditación

Nos sentaremos con el tronco erguido, las manos sobre las rodillas y las plantas de los pies pegadas al suelo. Separaremos lentamente las manos y llevaremos las puntas de los pies a unos 5 cm de las sienes, dejándolas así hasta que sintamos claramente sus latidos. Cuando las manos recuperen lentamente su posición inicial, sobre las rodillas, el latido de las sienes seguirá haciéndonos compañía, rítmica y decididamente. Imaginaremos cómo su sonido cadencioso —el de la derecha idéntico al de la izquierda— nos va penetrando gradualmente por uno y otro lado hasta unirse en un latido único en el centro del cerebro. Visualizaremos entonces un disco de luz blanca fluctuante por encima de la cabeza del que podremos extraer cualquier color. El primero será el rojo, que bajará a lo largo de la columna hasta llenar el primer chakra de energía vibrante. Después, volveremos al chakra de la corona y de la luz blanca nos llevaremos el naranja, que haremos descender hasta el segundo chakra. Pasaremos entonces al amarillo, que enviaremos al tercer chakra, al verde para el cuarto, al azul para el quinto, al índigo para el sexto y, por último, a una luz violeta y refrescante para el séptimo. Ahora trataremos de visualizar todos los chakras y los imaginaremos como remolinos vibrantes de color, mientras los mismos colores, en gotas y chispas, se separan rápidamente de ellos y acuden a enriquecer e iluminar la corona resplandeciente que tenemos encima de la cabeza.

Surya Namaskara: el saludo al sol

Más que de una postura, se trata de una serie completa de asanas que se realizará por orden y con un cierto ritmo, de manera que, una vez aprendida, la serie entera no exija más de un minuto. Se ejecutará diariamente, al amanecer o al anochecer, mirando al sol, lo que asegura la estimulación y el reequilibrio de todos los chakras mayores. Por ello, refuerza prácticamente todos los órganos abdominales y mejora la respiración, la circulación y la oxigenación de la sangre.

Está indicada especialmente para las personas que sufran de ansiedad, los hiperestésicos, los depresivos y, en general, para quien padezca problemas de estrés y crisis amnésicas. Desde el punto de vista estético, previene las arrugas, mejora el porte y reduce la obesidad de los muslos. Regula además el ciclo menstrual y, si se practica pasados los cinco meses de embarazo, asegura un parto sin complicaciones.

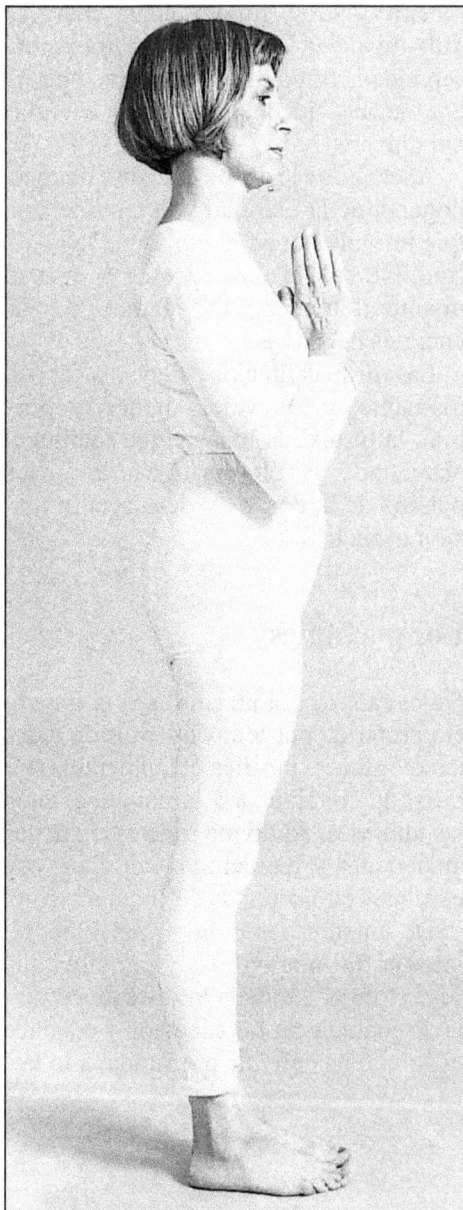

1. Nos colocaremos en posición erecta, con los pies juntos, las manos unidas sobre el pecho y la mirada fija hacia delante.

2. Al inspirar, levantaremos las manos por encima de la cabeza y arquearemos la espalda hacia atrás, ensanchando el pecho.

3. Al espirar, curvaremos el tronco hacia delante, manteniendo las piernas estiradas y la barbilla contra el pecho, hasta tocar el suelo con las palmas de las manos, a ambos lados de los pies.

4. Doblaremos las rodillas sin despegar las manos del suelo y, al mismo tiempo, inspiraremos dejando resbalar la pierna izquierda hacia atrás, apoyando la rodilla en el suelo.

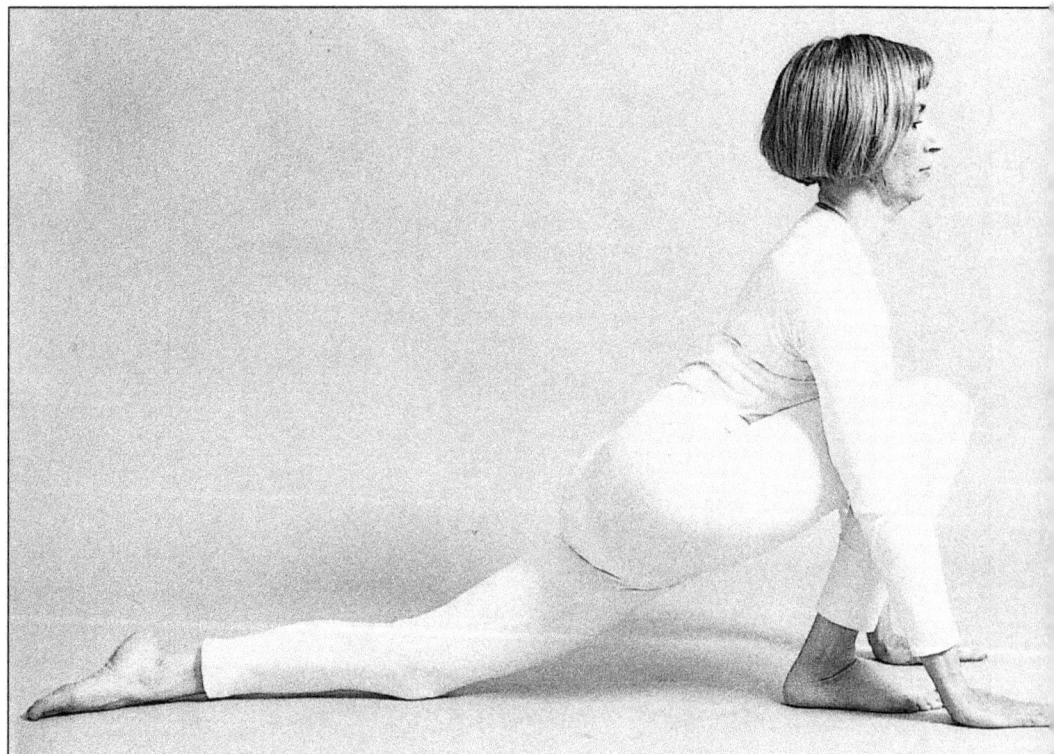

5. Estiraremos la pierna derecha hacia atrás, al lado de la otra, y juntaremos los pies. Levantaremos la pelvis todo lo que podamos, de manera que las piernas y el tronco formen entre sí una especie de «V» invertida, con las extremidades y la columna perfectamente rectas. Contendremos la respiración durante unos instantes.

6. Sin mover manos ni pies, flexionaremos únicamente los brazos, colocándonos, con una espiración profunda, boca abajo y descargando todo el peso del cuerpo sobre frente, manos, pecho, rodillas y puntas de los pies.

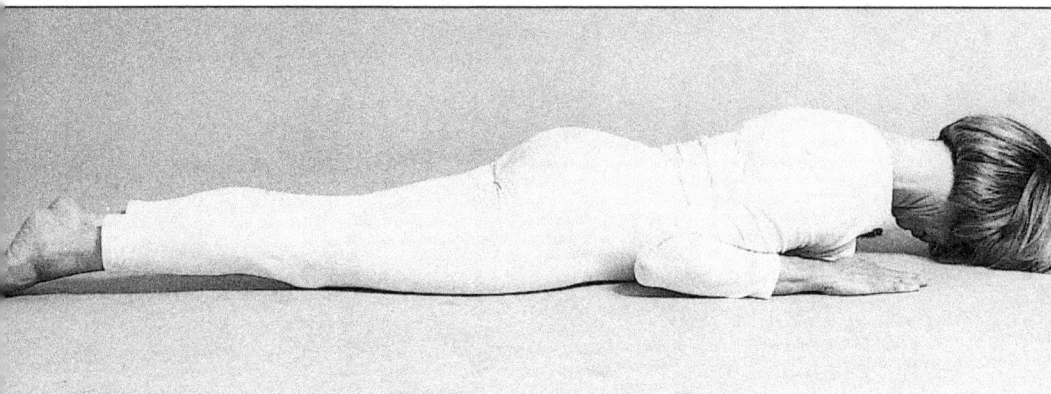

7. Inspiraremos y, extendiendo los brazos, arquearemos la espalda hacia atrás, con las piernas estiradas y la cabeza erguida.

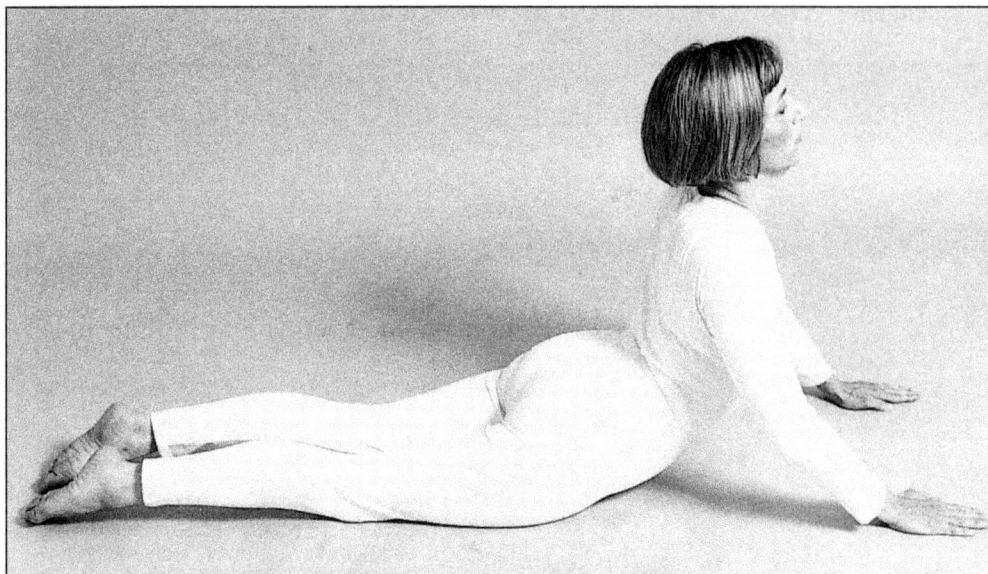

8. Espiraremos y, haciendo palanca con las manos y las puntas de los pies, levantaremos de nuevo la pelvis hasta adoptar la silueta de una «V» invertida (igual que en el punto 5). Contendremos las respiración durante unos instantes.

9. Inspirando, flexionaremos la pierna izquierda entre los brazos estirados, tal como hicimos con la derecha en el punto 4. Ahora, en cambio, la derecha está extendida hacia atrás, con la rodilla en contacto con el suelo.

10. Espirando, llevaremos la pierna derecha hacia delante, junto a la otra, y las enderezaremos sin separar las manos del suelo (como en el punto 3).

11. Con una inspiración, levantaremos el tronco, manteniendo las manos por encima de la cabeza y arqueando la espalda (como en el punto 2).

12. Espirando, recuperaremos la posición inicial (como en el punto 1).

Los chakras menores

Además de los siete centros energéticos mayores, hay otros menores, repartidos según un esquema muy preciso. En los distintos órganos, riñones, bazo, páncreas, intestino, etc., hay colocados algunos chakras, así como en las manos y bajo las plantas de los pies.

En ocasiones, el despertar de estos centros menores se transmite al chakra principal más cercano, de donde se envía a Sahasrara, el chakra de la corona, donde se produce el despertar propiamente dicho de la energía, que origina la iluminación.

Queremos detenernos en particular en uno de los chakras menores, *Bindu Visarga*, que, en sánscrito, significa literalmente «caída de la gota». De hecho, según la tradición, en la cúspide del cerebro hay una pequeña cavidad, una depresión diminuta que contiene una secreción perceptible incluso a nivel físico: se trata del néctar que Vishuddha purifica y refina. En los textos tántricos, se cuenta cómo la luna, Bindu, produce un néctar embriagador.

De forma parecida, en los himnos védicos es el dios de la luna, Soma (que es varón en todas las tradiciones), quien prepara el zumo del mismo nombre, garante de la inmortalidad.

El soma es el fluido de la vida que alimenta a los yoguis durante sus largos ayunos o, incluso, durante la sepultura voluntaria prolongada durante semanas enteras. En estos periodos, practican el pranayama y, mediante una técnica llamada *kechari*, tiran la lengua, a la que le han cortado el frenillo, hacia atrás, alargándola hasta la cavidad rinofaríngea. Así colocada, como un tapón, se suscita la secreción del néctar, que nutre y mantiene vitales los tejidos y, al mismo tiempo, detiene todos los procesos metabólicos, de manera que el oxígeno ya no resulta necesario. Se trata, como máximo, de dos o tres gotas de líquido en medio de las cuales aparece un punto, como una pequeña isla en un lago. Aquí se originan los nervios craneales y se alimenta el sistema visual; tanto es así que si la energía se atasca en Bindu Visarga, se provocan patologías oculares de todo tipo, como el glaucoma. Bindu está colocado en la cúspide posterior de la cabeza, justo donde los varones célibes de la casta sacerdotal hindú llevaron en su tiempo un mechón, *shikha*, trenzado lo más fuerte posible.

Bindu, simbolizado por una hoz de luna creciente, con las puntas orientadas hacia arriba, está relacionado con Vishuddha a través de una red especial de nervios que discurre a lo largo de la pared interna del orificio nasal, y que pasa por Lalana, el chakra donde se almacena el néctar. Sin embargo, dado que ni Lalana ni Nindu son centros de despertar, para sacudirlos de su sueño es preciso despertar a Vishuddha. Y, cuando esto ocurre, la sensación física es la del goteo de un líquido frío que desciende por las paredes de la garganta.

Otro sistema fácil de realizar, y que es perfecto para percibir y reactivar a Bindu, es el Ajapa Japa, «la plegaria sin plegaria». Sentados en una posición cómoda, con las manos donde prefiramos, cerraremos los ojos y dejaremos que la atención se concentre en la respiración, sin ejercer ninguna forma de control. Simplemente nos escucharemos respirar. Probablemente, la mente, acuciada por multitud de pensamientos, empezará a divagar. No importa. La devolveremos lentamente hacia la respiración, siguiendo su ritmo: «inspiro, espiro, inspiro, espiro», y así todo el rato. Gradualmente, nos irá invadiendo la conciencia del sonido *so aham*, que en sánscrito significa «yo (soy) eso». Si, tras unos momentos, el mantra parece cambiar, dejaremos que lo haga.

Lo esencial es mantener la conciencia en la respiración y el ritmo del mantra. Seguiremos durante cinco minutos y acabaremos repitiendo tres veces la sílaba sagrada *om*.

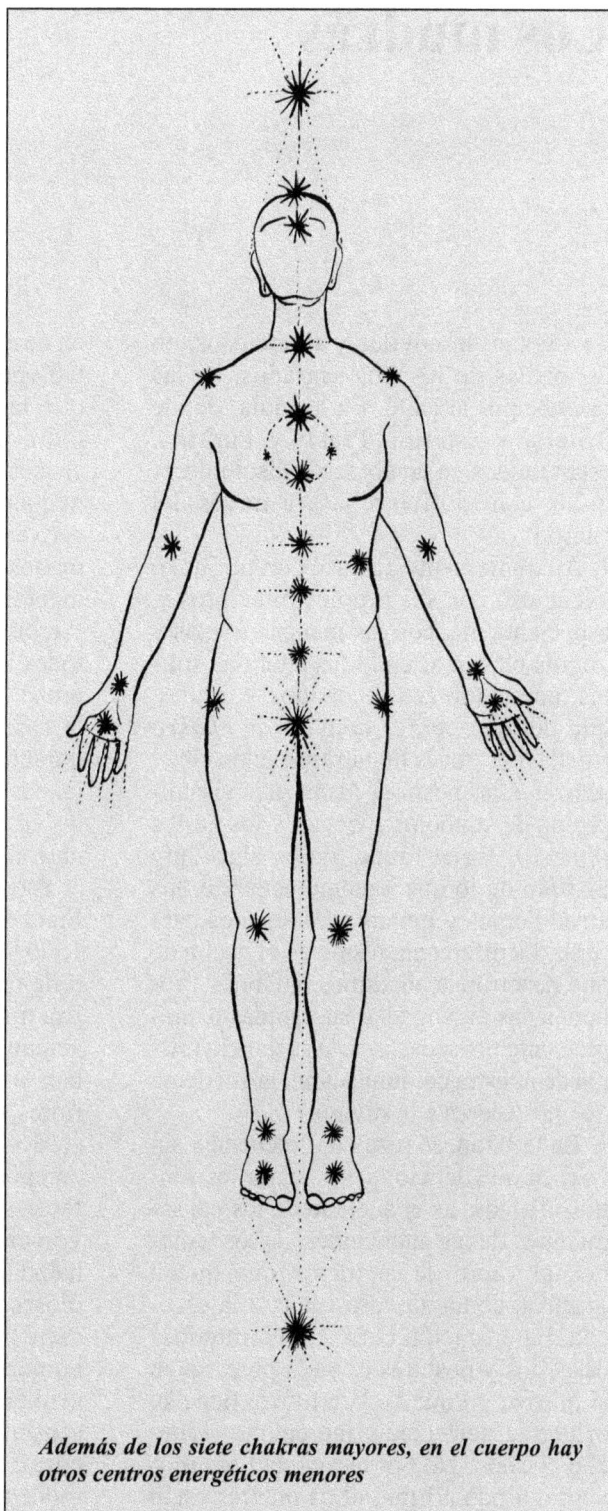

Además de los siete chakras mayores, en el cuerpo hay otros centros energéticos menores

141

Los mudras

Se sientan, inmóviles y silenciosos, en las orillas de los ríos sagrados, en las cuevas, por la calle. En la India, donde materia y espíritu, Prakti y Purusha, están unidos en un abrazo indisoluble, la unión con lo divino pasa a través del cuerpo.

Aparentemente absortos en un juego silencioso con sus propios miembros y, especialmente, con las manos, ascetas y yoguis elevan al cielo las energías sutiles, activando sus recorridos y cruces, que definen con el nombre de *chakra* (ruedas), a través de la respiración *(pranayama)*, las posturas *(asana)*, la visualización de símbolos *(yantra)* y los gestos *(mudra)*. En el fondo, no es algo muy distinto de lo que hacemos cuando nos arrodillamos y juntamos las manos para rezar. La diferencia reside en el hecho de que nosotros le añadimos palabras. Pronunciadas en voz alta, susurradas o simplemente pensadas, son la sustancia misma de nuestra comunicación, la corriente que nos acerca a lo divino.

En la India, se reza con frecuencia sin voz, en un silencio que traspasa los sentidos físicos. Es el silencio de los pensamientos, de las intenciones, de los temores, el vacío de la mente que queda inactiva, como un vaso vacío, a la escucha. La ejecución correcta y armoniosa de gestos y posturas es ya la plegaria en sí misma, porque en la armonía tiene su origen la perfección que enlaza el uno con el Todo. No por casualidad, un proverbio hindú afirma: «Los mudras están en nuestras manos si el pájaro de la libertad vuela en nuestra mente». Pero, ¿por qué tanto interés en las manos? Ante todo, porque en ellas, y en los dedos especialmente, se diseminan decenas de pequeños centros energéticos que se activan a través de gestos concretos. Las manos son nuestras antenas, los instrumentos gracias a los cuales transmitimos y recibimos la energía sutil, que invade todas las cosas y que los hindúes llaman prana. No es raro que los brahmanes de la casta sacerdotal se tapen las manos durante el rezo, mientras que los musulmanes deben hacerlo ante un superior y los cardenales cristianos al rendir homenaje al papa.

Pero hay también una razón filosófica. En el tiempo de los Vedas (alrededor del 1500 a. de C.), el rito desempeñaba en la religión hindú un papel de primer orden. Era a través de la acción ritual, o bien actuando, como los sacerdotes entablaban comunicación con los planos superiores, consiguiendo incluso, con la fuerza de sus actos, obligar a los dioses a comportarse según sus designios, a satisfacer sus deseos, a bajar a la tierra o a volver al cielo a su antojo. La acción había llegado a ser superior a los propios dioses, y su poder era tal que podía decidir por sí misma los destinos de los hombres. De aquí a la formulación de las primeras teorías sobre el *karma* (del sánscrito *kri*, «hacer»), el paso es muy corto: si la acción es el fundamento de todo, es de la conducta (o sea, en los comportamientos, las elecciones, los errores cometidos a lo largo de la vida) de donde surgen los presupuestos de las existencias futuras, en una eterna cadena que sólo el total cumplimiento de la ley interior, el *dharma*, logrará romper.

El término «mudra» deriva del babilónico *masaru*, que significa «sello». Cualquier cosa que concluye y marca, como el signo de la cruz o el amén con el que acaba la plegaria del cristianismo. La tradición yóguica nos ha transmitido tres, que considera fundamentales para el rezo, el rito y la danza: Dhyana Mudra, el sello de la meditación, que se realiza con el pulgar y el índice unidos en círculo, mientras que los demás dedos se mantienen extendidos; Abhaya Mudra, el sello que aleja cualquier temor, y que se efectúa presentando la mano derecha con los dedos bien abiertos hacia delante, como en la bendición papal; y, por último, Varada Mudra, el sello que dispensa las gracias, con las palmas orientadas hacia arriba, como si quisieran acoger un efluvio invisible.

El mudra del gran silencio

Levantaremos los brazos y uniremos las manos colocándolas por encima de la cabeza, manteniéndolas a una distancia de 10 o 15 cm.

Visualizaremos entonces una pequeña esfera dorada sobre la punta de los dedos, que estarán bien extendidos. Observaremos cómo se divide en dos y cada mitad nos resbala lentamente a lo largo de los brazos. Las dos mitades representan, respectivamente, el silencio y la voz, separados y aun así íntimamente unidos. A la altura del cuello, se transforman en dos estrellitas luminosas, mientras una tercera estrella, más grande, nos brillará en la frente.

El mudra del corazón sereno

Partiendo de la posición anterior, visualizaremos dos esferas luminosas apoyadas en el dorso de las manos, y las observaremos mientras se transforman, derritiéndose, en una luz líquida. En este momento, extenderemos los brazos hacia afuera, sin estirarlos del todo. Brazo y antebrazo deben formar un ángulo casi recto, mientras que las palmas de las manos, orientadas hacia arriba en un gesto de espera, parecen acoger un misterioso efluvio que llueve desde las alturas.

Visualizaremos ahora dos copas, apoyadas en el suelo justo debajo de nuestras manos, e imaginaremos que el líquido va goteando en su interior. De las alturas bajan entonces dos criaturas aladas que transportan las copas hacia lo alto. Las copas no son sino nuestro corazón que, aquietado por la luz recibida, está listo para acoger la músicas de los planos superiores.

El mudra del espíritu sereno

Extenderemos los brazos hacia delante y los doblaremos, de manera que las manos queden a la altura de la barbilla, con las palmas orientadas hacia afuera y los dedos hacia arriba. Doblaremos ligeramente las manos, una hacia la otra, e imaginaremos que nos brotan unos rayos dorados del centro de las palmas. En el punto en el que se cruzan, se genera un círculo plateado: es el espíritu, que ha recibido ayuda y fuerza del corazón.

El mudra de la resonancia universal del corazón

Apoyaremos la mano izquierda sobre el corazón, mientras mantenemos la derecha en alto, a la altura del rostro, con la palma orientada hacia afuera y los dedos bien abiertos. Visualizaremos un rayo amarillo que, penetrando entre el corazón, el anular y el meñique de la mano derecha, ascenderá como una cuerda luminosa a lo largo del brazo, el cuello y los hombros hasta llegar a la palma de la otra mano, en correspondencia directa con el corazón. Sin embargo, al igual que la fuerza del universo alcanza como una cuerda nuestro corazón, así también la cuerda del corazón es tan poderosa como para hacer resonar las paredes del universo.

Para lograrlo, haremos resbalar la palma izquierda hasta el plexo solar, un poco más arriba del estómago, mientras que el derecho permanece en la posición anterior. Debajo de la palma izquierda visualizaremos una esfera de color gris oscuro, dura y pesada.

Gradualmente, con el calor, se va derritiendo y, al penetrar a través de la piel, alcanza el brazo, el cuello y el hombro, saliendo de la palma derecha en forma de luz gris oscura.

El mudra de la pureza

Flexionaremos los brazos en ángulo recto y nos abrazaremos los codos; el izquierdo quedará apoyado debajo del codo derecho, con el dorso en contacto con él, y el derecho debajo de la cavidad del brazo izquierdo, con la palma orientada hacia abajo.

Imaginaremos un ser luminoso sentado en el dorso de nuestras manos, primero en la derecha y luego en la izquierda.

Invertiremos la posición, de manera que la palma derecha abrace el codo izquierdo y la palma izquierda quede orientada hacia arriba, colocada en la cavidad del brazo derecho.

El ente que hemos visualizado se ha sentado entre nuestros brazos, a horcajadas, y tras este abrazo purificador que nos ha liberado de todo error y toda mancha, se encenderán tres pequeñas estrellas en nuestra frente.

El mudra que protege del rayo

El brazo izquierdo está abierto hacia afuera, con la palma orientada hacia abajo; el derecho está doblado, con el dorso de la mano apoyado sobre la frente.

Imaginemos un rayo caído del cielo, directamente del ojo de la tormenta, mientras nos golpea la mano izquierda. Desde aquí, rebota en la derecha, que nos protege la frente y lo devuelve hacia arriba. Cada vez que nos sintamos en el ojo de la tormenta, y no sólo en sentido físico, realizaremos esta mudra y saldremos indemnes del peligro.

El mudra del libre albedrío

Con los brazos estirados a lo largo de los costados, doblaremos las manos horizontalmente de manera que las palmas, orientadas hacia abajo, queden paralelas al suelo. En este punto, visualizaremos unos rayos blancos y rojos que, saliendo de nuestras manos, llegan hasta el suelo para rebotar de nuevo hacia arriba. En el mismo instante, unas alas blancas despuntan en nuestros hombros, mientras un corro de figuras angélicas nos va rodeando.

En el ejercicio de la voluntad, la libre intención del hombre debe acercarse hasta unirse al designio divino. Sólo de este modo alcanzaremos la meta del pleno respeto a la armonía del universo.

El mudra de la gran consolación

Es el gesto que busca la paz y aspira a la consolación de nuestros dolores. En él reposa la chispa divina presente en cada uno de nosotros. Acercaremos las manos entre sí, uniendo únicamente las yemas, mientras que las palmas se mantendrán separadas. Y es que, de hecho, entre ellas hay una esfera de luz dorada que gira vertiginosamente. La luz se va ensanchando gradualmente hasta envolvernos en un huevo luminoso, mientras siete estrellitas (una para cada uno de los planetas) se encienden en nuestra frente. En la máxima quietud, dice el sabio, se encierra el movimiento, así como en el movimiento reside ya la futura quietud.

El mudra del corazón despierto

Arrodillados en el suelo y sentados sobre los talones, mantendremos las rodillas bien unidas. Doblaremos el brazo izquierdo, con la palma de la mano orientada suavemente hacia delante; el derecho, en cambio, lo llevaremos hacia abajo, con la palma de la mano orientada hacia arriba y apoyada perpendicularmente a la altura del ombligo. Pero si en este mudra las manos parecen abandonadas en un gesto pasivo de espera, tras la quietud ya está en germen el movimiento y detrás de la rendición está al acecho el coraje. Con este gesto, que adormece los miedos del corazón, la valentía se despierta.

El mudra de la invocación del sabio que habita en el cuerpo

Se trata de un mudra muy parecido al anterior, que en este caso se realiza de pie, invirtiendo la posición de las manos. Levantaremos pues la derecha, con la palma hacia delante, y nos pondremos la izquierda perpendicularmente a la altura de la cintura.

Ahora imaginaremos una luz dorada que, en forma de cilindro, perfora la palma derecha. La luz nos penetra hasta formar en nuestro interior la parte posterior de un cuadrúpedo mientras que la cara va adoptando unos rasgos animales y el cuerpo dorado del mítico unicornio de oro nos va creciendo en la frente.

Con este mudra asistiremos gradualmente al despertar del sabio que dormita en el corazón de cada hombre. Esta sabiduría, que no muere con el cuerpo, tiene el sabor de lo divino y sólo a través de lo divino puede revelarse plenamente.

El mudra de la escucha de la voz del universo

Cruzaremos las manos una sobre otra, a la altura de los hombros, manteniendo las palmas y los dedos extendidos. Con esta mudra, las manos se transforman simbólicamente en orejas, bien abiertas y en disposición de captar la música sin voz del universo. En la vibración cósmica que hermana a todos los seres, el uno se vuelve Todo y el Todo se vuelve uno.

El mudra de la confianza del hombre ante el juicio supremo

La confianza, en una imagen de espera paciente y serena, será una vasija dispuesta a dejarse llenar continuamente por la fuente.

Sentados con las piernas juntas, apoyaremos la mano derecha en el corazón, mientras la palma izquierda protege suavemente el ombligo. No por casualidad se trata de uno de los centros más receptivos del hombre, en donde residen la voluntad y el sentimiento, el dar y el recibir, lo masculino y lo femenino. Mediante esta postura se podrá reconciliar los opuestos.

El mudra de la irrepetibilidad de las obras

De pie, con las piernas juntas, cruzaremos el brazo derecho por encima del izquierdo y nos cogeremos la muñeca izquierda con la mano derecha, mientras la izquierda se repliega en un puño. Con este gesto el hombre aprende a aceptar los designios divinos sin tratar de oponer resistencia, ya que, detrás de lo que aparentemente puede resultar negativo siempre suele existir una lógica, inasible pero justa.

Una vez disparada la flecha del conocimiento, que trata de desvelar lo incognoscible, el corazón se rinde a la voluntad de lo alto. Y, al igual que las manos se pegan al pecho, así también el corazón del hombre deja de buscar lo imposible y se conforma con el papel que el universo le ha impuesto.

Glosario

Aditya: los siete o doce hijos de la diosa Aditi (la potencia cósmica), personificaciones de los diversos aspectos de la naturaleza y de la luz. En su conjunto, simbolizan la gama completa de las manifestaciones fenoménicas.

Agni: antiguo dios-sacerdote del fuego, señor del sacrificio. Al arder, transportaba hacia arriba la esencia de las víctimas. De hecho, no era más que un ritual de magia blanca, compuesto de ofrendas y fórmulas mediante las que los dioses se veían materialmente obligados a satisfacer las peticiones de los celebrantes.

Airavata: elefante blanco con cuatro colmillos que emerge de entre los océanos agitados. El dios Indra se apoderó de él y lo convirtió en su montura.

Akasha: el primero y más sutil de los cinco elementos, relacionado con Brahma. Corresponde al vacío, el espacio en el que se relacionan los cuatro elementos (tierra, agua, aire y fuego), los cuales, al combinarse, dan vida a todo lo creado.

Amrita: en los Vedas, es la bebida de la inmortalidad, reservada exclusivamente a los dioses y comparada, en algunos himnos, con la leche y la lluvia. Según el mito, el amrita había sido producido durante la cocción del arroz sacrificial, pero el águila Garuda logró robarla. En otras versiones, Davanthari, el médico de los dioses, emergió del océano dando vueltas con una copa de amrita en la mano.

Annamaya kosha: cuerpo material basto, el envoltorio exterior del alma, mantenido con la comida.

Apana: uno de las cinco respiraciones necesarias para la vida, que empuja hacia abajo los materiales que hay que expulsar, así como el niño en el momento del parto (véase también *Vayu*).

Asana: postura; posición yóguica que se adopta para alcanzar el estado meditativo. Las posturas básicas, creadas según el mito por el dios Shiva, son ochenta y cuatro, aunque tradicionalmente se cree que llegan hasta los ocho millones cuatrocientas mil, de las que el hombre sólo conoce las primeras ochenta y cuatro.

Aum: sílaba sagrada considerada semilla y fundamento de todos los mantra. Todo cuanto existe, por tanto, no es más que una emanación de esta sílaba primordial; en este único sonido coexisten el pasado, el presente y el futuro, además de lo que existe más allá de las tres formas del tiempo. Según el mito, las tres palabras sagradas, *bhur, bhuvah, svar* (tierra, éter, cielo) se crearon gracias a la meditación del dios Prajapati; en un segundo momento, al meditar sobre ellas, obtuvo la sílaba *om*, que coordina todos los lenguajes y representa la totalidad del universo.

Bandha: unión, cadena; alude a ciertas posiciones gracias a las cuales ciertas zonas del cuerpo pueden contraerse y ser controladas.

Bija: semilla. Es una sílaba mística que se repite mentalmente o se vocaliza para embridar la mente, que suele tender a la divagación. La semilla así plantada en la mente germina en la concentración.

Brahma: distinto del neutro Brahman (lo Absoluto). Brahma es el dios creador de la tríada hinduista, el factor de equilibrio entre los principios opuestos: la conservación (Vishnú) y la destrucción (Shiva).

Brahmanes: miembros de la casta sacerdotal, primera de las cinco existentes —aunque derogadas oficialmente desde 1948— en la India. A continuación, se encuentra la de los Ksatrya o guerreros, entre los que se cuenta el rey; la de los Vaisya o mercaderes; la de los Shudra, los siervos; y la quinta, la de los parias o intocables.

Brihaspati: dios védico, señor de la plegaria, el divino sacerdote de los dioses, poseedor de los poderes mágicos derivados del sacrificio ritual. Entre sus funciones se encuentran la recuperación del ganado robado, la protección contra los demonios, la purificación de los pecados y la defensa de la ley divina.

Chandra: Luna. Hay también una versión masculina, ligada al dios Soma, señor de los astros, las plantas y los sacrificios. No por casualidad, su nombre se deriva de la bebida embriagadora que los antiguos arios usaban para ofrecer sacrificios a los dioses. La tradición le atribuye veintisiete esposas, tantas como las «estaciones» que la Luna va encontrándose en su camino alrededor de la Tierra; es decir, los días que emplea en volver a la fase inicial.

Chitra: uno de los nadi que llegan hasta Sahasrara y a través de los cuales pasa la energía creativa de Kundalini.

Dakini: seres demoniacos de naturaleza femenina, servidores de la diosa Kali, que se alimentan de carne cruda. En el tantrismo budista, convergen en la figura de la diosa Vajravarahi, invocada para hechizar a mujeres y hombres.

Damaru: tambor en forma de clepsidra, símbolo del sonido primordial, de donde ha brotado toda la creación. Es uno de los atributos de Shiva cuando se representa en la forma de Nataraja, el bailarín cósmico. Alude al ritmo palpitante de las fuerzas creadoras cuando el universo empieza a desplegarse. No por casualidad, los dos conos que forman el *damaru*, uno orientado hacia arriba y el otro hacia abajo, unidos por los extremos, reproducen el simbolismo triangular del lingam y el yoni, de la llama y de la gota de agua.

Devanagari: escritura divina desarrollada a partir del estilo antiguo *brahmi* y redactada en sánscrito, prácrito e hindi. Dice una leyenda que, al acabar el mundo, quien la conozca tendrá libre acceso al paraíso y no morirá con el resto de los hombres. Las cuarenta y ocho letras (tantas como pétalos suman los primeros cinco chakra) reciben el nombre de *matrika*, pequeñas madres, ya que, agregándose, originan el lenguaje y forman, a través de sus nombres, todas las cosas.

Dharma: deber religioso o moral, ley interior, costumbre social. Del sánscrito *dhar*, «aguantar», significa en realidad «lo que aguanta». Se trata de un concepto dinámico, que implica transformación y cambio, características propias de la ley natural. Inicialmente, el término *dharma* se refería a las normas sacerdotales y sociales que aseguraban un contacto continuado entre la comunidad de los dioses y la de los hombres. Tanto para el budismo como para el hinduismo de la edad clásica, el camino dictado por el *karma*, con el que hay que conformarse porque forma parte de un designio universal en el que cada cual tiene un papel, una tarea y un sendero que recorrer.

Esvástica: literalmente, «de buena suerte»; símbolo antiquísimo del buen augurio. De hecho, la forma de la cruz griega, con los brazos doblados en forma de ganchos, remite a la imagen de un disco en movimiento (el sol del alba o en primavera) que, al girar en el sentido de las agujas del reloj, deja una estela luminosa (los ganchos). No hay que confundirla con la esvástica nazi, de siniestro significado al estar orientada en sentido contrario (el sol de la tarde o en otoño).

Gaja: elefante engendrado a partir de la carne no utilizada por los siete hijos de Aditi cuando modelaron a su octavo hermano deforme (el hombre). Por ello, en la India se dice que el elefante participa de la naturaleza del hombre, hasta el punto de que, adiestrado para usos domésticos, se convirtió con el tiempo en símbolo de poder y riqueza, así como de las nubes cargadas de lluvia beneficiosa. Al elefante blanco se le atribuía una sacralidad especial, que participaba en todos los peregrinajes y celebraciones religiosas.

Ganesha o Ganapati: dios de la sabiduría, provisto de una cabeza de elefante que, convenientemente aplacado y glorificado, acude en auxilio de los mortales, les ayuda a superar los obstáculos y a tener éxito en la vida. Hijo de Shiva y

Parvati, nació de los ungüentos que la diosa solía aplicarse por todo el cuerpo.

Gauri: en sánscrito, «amarilla», «resplandeciente». Es una de las esposas de Shiva, la vaca cósmica, origen de los océanos y madre del mundo.

Gayatri: del sánscrito *gam tri*, «el triple camino»; metro poético de veinticuatro sílabas (por lo general, tres versos de ocho sílabas cada uno). La más conocida es la dedicada al dios solar Savitar, que todo iniciado debe recitar por la mañana y por la noche, mientras que se prohíbe a las mujeres y a los siervos. Para asegurar el paraíso, bastaba con recitar mil *gayatri* y repitiéndolos hasta el infinito, incluso se verían satisfechos todos los deseos.

Guna: literalmente, «lazo», designa las características principales de la sustancia: *sattva* (equilibrio, pureza, luminosidad), *rajas* (actividad dinámica, movimiento) y *tamas* (oscuridad, pasividad, inercia, estancamiento).

Gurú: en sánscrito, «maestro»; es quien concede la iniciación, una especie de padre espiritual en quien depositar la máxima estima, devoción y confianza. Lo demuestra el hecho de que al *chela* (discípulo) se le prohíbía casarse con la hija del propio gurú, considerada espiritualmente como si fuera una hermana.

Hamsa: oca salvaje, asociada antiguamente con el sol, que simboliza la fuerza vital, la respiración cósmica, donde *ham* es la espiración y *sa* la inspiración, a través de las cuales el practicante, levantando el vuelo, volvía a identificarse con el Brahman, el Todo del que había surgido.

Hiranyagarbha: seno o huevo de oro. Es el nombre del creador, el origen de todas las especies, humanas o divinas, nacidas de la luz del sol. Se identifica con Prajapati y este, por su parte, con Brahma, el dios creador de todas las formas del cosmos.

Ida: canal de energía que parte del orificio nasal izquierdo, sube hasta la cúspide del cráneo y después desciende hasta la base de la columna. Transporta la energía lunar y, por ello, recibe también el nombre de «Chandra Nadi».

Indra: aunque en un principio era el primero de los dioses —el dios que «inflama» con el rayo *(vajra)*— se convirtió después en jefe de la casta guerrera de los Ksatrya. Aporta bienestar a los hombres, asegurando lluvia y armamento, pero que castiga severamente a quien no entrega dones adecuados a sus sacerdotes.

Ishana Rudra: de la raíz sánscrita *is*, «poseer el poder», es uno de los epítetos del dios Agni, o bien de Shiva, relacionado con la fertilidad de los hombres y de los animales.

Japa: repetición de un mantra o una plegaria, tanto verbal como mental, seguida por la meditación sobre una divinidad en concreto o sobre una imagen simbólica *(mandala* o *yantra).*

Jyotir lingam: inmenso falo de luz; forma asumida por Shiva para obligar a los otros dos dioses de la Trimurti (trinidad), Vishnú y Brahma, a reconocer su supremacía.

Kakini: cuervo hembra; «la que se mueve en el viento»; potencia femenina; Shakti del dios del viento Vayu. Tras una lucha furiosa, venció a Votula, la enfermedad que enloquece.

Kama: dios del amor y del deseo, provisto, como el Eros griego, de arco y fle-

chas con las que atraviesa los corazones de los amantes. Kama tiene una esposa, Rati, que encarna el amor de la mujer hacia el marido y una hija, Trsna, la sed, el deseo erótico incontenible.

Karma: en un principio, acción que se consuma en sí misma, con independencia de sus consecuencias. Más tarde, se convirtió en la práctica de los deberes religiosos. Pero, dado que la acción sacrificial se consideraba más poderosa que los propios dioses, hasta el punto de lograr constreñir y manipular su voluntad, el *karma* se transformó gradualmente en el motor de la existencia. De hecho, puesto que el resultado de la acción no puede manifestarse siempre en el transcurso de una sola vida, sus consecuencias, ya sean positivas o negativas, se dejan sentir en las sucesivas, hasta que, a través de la práctica espiritual, se obtiene finalmente la liberación *(moksa).*

Krishna: en sánscrito, «negro»; en el mito, es el príncipe Yadava, hijo de Devaki y de su marido Vasudeva. El tiránico rey de Mathura, tío del propio Krishna, alertado por una profecía de que sería destronado por un sobrino, hizo matar a los primeros seis hijos de su mujer. Pero no pudo hacer nada contra el séptimo, Balarama, transferido mágicamente al vientre de Rohini, segunda mujer de Vasudeva, ni contra el octavo, Krishna, criado a hurtadillas por una pareja de pastores fuera del palacio real. Cuando se hizo hombre, Krishna vengó a sus hermanos y mató a su tío.

En el *Bhagavadgita* (célebre poema filosófico-religioso hindú), en el que, a regañadientes, accede a luchar contra sus primos, simboliza la necesidad de cumplir los deberes propios de la casta a la que se pertenece, al margen de nuestros deseos. Sólo obedeciendo la ley de los renacimientos *(dharma)*, que ha decidido que pertenezcamos a tal o cual casta, y por tanto, aceptando serenamente el destino que nos ha tocado, el alma dejará de producir nuevos *karmas*, asegurándose por fin la liberación de la rueda de las sucesivas existencias.

Kriya: purificación de los nadi y de los chakras a través de la respiración mediante un número variable de soplos que expulsan las impurezas como si fueran motas de polvo.

Kundalini: soga, serpiente; es la energía cósmica adormecida en la base de la espina dorsal. Despertada gradualmente con las técnicas apropiadas (asana, mantra, meditación sobre el mandala, etc.), asciende a lo largo del canal central, Sushumna, traspasando todos los chakras hasta el último, Sahasrara, colocado en la cúspide de la cabeza. Entonces, el yo se disuelve en el Todo y el practicante realiza el fin último de la vida: la unión con lo Absoluto. No por casualidad su nombre deriva de Kunda, la cavidad utilizada para encender el fuego durante el rito, porque es precisamente a través del calor mágico de la ascesis como del cuerpo del yogui nacerá por transmutación alquímica el hombre divino, realizado y regenerado. Kundalini, pues, es la madre; pero, paradójicamente, no es ella quien lleva el embrión en su seno, sino lo contrario, es el hombre quien la lleva a ella, enrollada como una serpiente adormecida en la cavidad secreta de la base de la columna. Las imágenes transmitidas por el tantrismo la describen enfrascada en una danza incontrolable, sobre el cuerpo estirado de Shiva, estático y contemplativo. Pero, para que la diosa que está en nosotros no se disipe en inútiles efusiones de calor y de energía, sino que por el contrario ascienda dócilmente a lo largo del canal adecuado, hay que saber

dominarla y controlarla mediante las técnicas del yoga.

Kurma-Nadi: Kurma es la tortuga, símbolo védico de los tres mundos (cielo, éter y tierra), el principio de todas las cosas, nacida de un huevo que el creador Prajapati abrió y rompió. Simboliza el hombre ideal, sosegado y meditativo. Quizá sea esta la razón por la que en la India se describe como una enorme tortuga orientada hacia el este. Kurma-Nadi es también el nombre de un canal nervioso.

Lingam: símbolo del sexo y del poder generador de la divinidad. Se representa en forma de un pilastro de piedra blanca apoyado sobre un pedestal (el órgano femenino yoni), como unión de los dos principios, el masculino y el femenino, y resume la máxima expresión de la energía creadora.

Loka: mundo o subdivisión del universo en múltiples planos. En un principio, se definía con este nombre una zona desboscada destinada al cultivo en el corazón de la jungla.

Mahakala: forma adoptada por Shiva, señor del tiempo y de la muerte, en el momento de conducir el cosmos hacia su destrucción final. En la astronomía hindú representa el eclipse, el monstruo devorador del sol y de la luna.

Makara: animal acuático mítico, identificado con el cocodrilo. En un principio, tenía patas de león o de perro, cuerpo escamoso y cola de caimán. Representa la «realidad absoluta que se concentra en el agua». Además, al estar dotado de poderes mágicos y ocultos, referidos en particular a la fertilidad de los ríos y del mar, se presta a servir de montura de Varuna, dios de las aguas terrenales y celestiales, y de Ganges, la diosa fluvial.

Mala: guirnalda, collar hecho de bayas o granos extraídos de la madera de árboles sagrados, a los que se atribuyen propiedades mágicas en virtud de los espíritus que moran en los bosques. Se considera un símbolo de victoria.

Mandala: véase *Yantra*.

Mantra: palabras y fórmulas sagradas que constituyen un auténtico lenguaje secreto. Al trabajar en el plano sutil, gracias a su elevado poder vibratorio, pueden actuar mágicamente sobre la materia, curar enfermedades, alimentar el amor y otorgar dones y privilegios, sabiduría y virtud. Todos los mantra están extraídos de las tres Samhita (colecciones) —Rig, Yahur y Sama—, que componen los Vedas.

Mudra: sello. Es una postura, un gesto que sella e imprime una especie de marchamo divino a la energía desarrollada a través de la práctica.

Mukti o **Moksa:** del pâli *muc* («soltar», «liberar»); liberación de los vínculos del deseo, de la ignorancia y del apego que impiden el acceso a la inmortalidad.

Nada: sonido o vibración tónica que da vida a la realidad; es una trama compleja de vibraciones y resonancias surgidas de un único punto sonoro autogenerado *(nadabindu)*.

Nadi: diosa femenina de los ríos; en el tantrismo, personifica los canales sutiles del cuerpo a través de los que fluye la energía vital.

Nirvana: en sánscrito, «aniquilación»; se relaciona con la extinción de todo deseo mundano, y la obtención consiguiente de un conocimiento libre de condicionamientos e ilusiones.

Pingala: canal energético que parte del orificio nasal derecho, sube hasta la cúspide del cráneo y desciende entonces hasta la base de la columna. Transporta la energía masculina, solar, por lo que también recibe el nombre de «Surya Nadi».

Prana: véase *Vayu*.

Pranayama: control rítmico de la respiración cuyas fases de inspiración, retención y espiración a través de la boca, la nariz o los orificios nasales alternativamente, se regulan según tiempos muy precisos, proporcionales uno a otro.

Prthvi: «la vasta» o «extensa». Personificación de la tierra entendida como diosa. En el mito, Vishnú aguantó el cielo mientras fijaba sólidamente la tierra en su sitio. En otra versión, por el contrario, se originó en el cuerpo de Vishnú y adoptó la forma de un inmenso loto, atravesado por ríos y cordilleras montañosas.

Rudra: el rojo, el terrible. Es uno de los aspectos de Shiva, un ente bipolar, bueno y al mismo tiempo malo, que provoca enfermedades y también inventa el remedio para curarlas.

Sadashiva: rostro celeste del dios Shiva, llamado también Pancanana, dios de las cinco caras, relacionadas con los cinco elementos cósmicos (tierra, agua, fuego, aire y éter) o bien con los cinco puntos cardinales (Norte, Sur, Este, Oeste y el centro que hace las veces de punto de referencia). La quinta cara de Shiva es la más sutil, ya que vibra a velocidades muy altas, por lo que no puede ser percibida ni siquiera por los yoguis más avanzados.

Conjuntamente, las cinco caras representan las fuerzas que crean, gobiernan, absorben y transforman el universo.

Sadhana: medio utilizado para alcanzar un objetivo y, en consecuencia, los pasos y ejercicios que acompañan al adepto hacia la realización.

Samadhi: meditación profunda y abstracta que conduce a la identificación del contemplador con el objeto contemplado.

Samana: véase *Vayu*.

Samsara: vínculo que conecta la vida y la muerte con el renacimiento y las reencarnaciones anteriores, en una rueda de resurrecciones concatenadas que dependen de los actos, las deudas y los créditos acumulados en el pasado. Este vínculo, que obliga a todo ser a reencarnarse, tras la muerte, en forma humana, divina o animal, tan sólo puede romperse con el conocimiento de la ilusoriedad del mundo y de los deseos que nos condicionan.

Sapta dhatu: los siete elementos, humores o afecciones del cuerpo.

Sarasvati: antiguo río de la India, personificado en la diosa del mismo nombre. En virtud de su estrecha conexión con la fertilidad y la purificación, la tradición dice que, bañándose en sus aguas y celebrando sacrificios en sus orillas, uno se libera de cualquier impureza. Es la divinidad tutelar de los escritores y en las bibliotecas se venera con ofrendas de flores, frutas e incienso.

Savitri: personificación divina de *gayatri*, himno al sol (Savitr) compuesto por veinticuatro sílabas, cuya recitación fue en su momento prohibida a las mujeres y a los esclavos. Es la mujer del dios Brahma y madre de los cuatro Vedas, los libros sagrados de los hindúes.

Shakini: seres femeninos semidivinos, al servicio de Shiva o Durga.

Shakti: fuerza, energía, potencia. Es el aspecto femenino del principio creativo, en contraste con el masculino pasivo, el poder de acción de la conciencia. Fue divinizada como compañera de Shiva.

Shiva: literalmente, «fausto» y «benévolo»; es el epíteto propiciatorio reservado al dios de las tempestades, Rudra. Se le implora para que no oscurezca nunca la luz del sol y mire con piedad a sus suplicantes. Cuando, más tarde, Rudra y Shiva se separaron, este último empezó a ser asociado con el tridente y con el culto del *lingam* (falo). Shiva hace las veces de protagonista en el proceso continuo de creación y destrucción del cosmos.

Shunia: signo matemático que expresa el cero, en ocasiones identificado con el espacio *(akasha)*. Filosóficamente, se concibe como símbolo del vacío, la nulidad en la que todo se origina y a la que todo regresa.

Siddhi: en sánscrito, «obtención feliz»; son facultades sobrenaturales obtenidas mediante la práctica del yoga, ciertos fármacos y la ejecución de determinados rituales tántricos.

Sufí: adepto a la corriente mística del Islam; como los yoguis, practican la ascesis, el silencio, la meditación y la repetición de fórmulas.

Sukra: divinidad de carácter estelar que rige el planeta Venus. Su nombre podría derivarse de *suc*, «resplandeciente», o bien significar «simiente» o «esperma».

Sushumna: el canal energético principal, que discurre por el interior o paralelamente a la columna vertebral.

Tantra: literalmente, «trama» o «urdimbre», es decir, hilos entretejidos con el telar; textos antiguos compuestos de acuerdo con unos modelos especiales. Los adeptos del tantrismo, estrechamente asociado con el yoga y caracterizado por sus innegables implicaciones eróticas, persiguen la potencia creadora, Shakti, en combinación con la energía masculina.

Tattva: elementos sutiles y evolutivos de la naturaleza (aire, fuego, tierra, agua y éter). En términos prácticos, el universo hinduista consiste en una progresiva materialización de elementos sutiles en formas cada vez más bastas, perceptibles a través de los sentidos físicos.

Udana: véase *Vayu*.

Upanisads: de *upa*, añadido, y *nisad* «sentarse a los pies del maestro» (gurú), de quien el discípulo *(chela)* recibía el saber esotérico; colección de textos redactados entre el 700 y el 300 a. de C. De todos modos, de los doscientos o más Upanisads conocidos en la actualidad, únicamente trece contienen enseñanzas secretas. Nacidas como reacción contra ciertas enseñanzas sacerdotales demasiado rigurosas y ritualizantes, acabaron por influirlas, imprimiendo en la religión hindú, en un principio muy pragmática, ese toque místico que con el tiempo se ha convertido en su característica esencial.

Varuna: antiguo dios del cielo, guardián del orden cósmico *(rta)*. De hecho, preside los movimientos cíclicos de los astros y la sucesión exacta de los actos del rito sacrificial, que de otro modo quedaría invalidado. Nada escapa a la atención de Varuna que, con su ojo, el sol, todo lo ve.

Vayu: divinidad que personifica el viento, al que se le atribuyen poderes purificadores y la capacidad nada común de neutralizar la mala suerte. Amigo y auriga del dios Indra, a quien saca a pasear por el cielo en su carruaje, adora las flores blancas y guarda gustoso el ganado. Sin embargo, en la medicina hindú puede ser también un demonio que vive en el vientre, capaz de provocar la locura si no se le ahuyenta a tiempo. Vayu también es soplo, principio vital que diferencia lo animado de lo inanimado. En el cuerpo tenemos cinco, con direcciones y funciones distintas: *prana*, la respiración por la nariz y la boca; *apana*, la energía expulsiva; *samarana*, la circulación central, en la zona del ombligo; *udana*, la espiración; y *vyana*, disperso por todo el cuerpo.

Vedas: los cuatros libros sacros de la tradición hinduista, el más antiguo de los cuales se remonta al 1500-1200 a. de C.

Vishnú: protector del universo, encarnación de la bondad y la misericordia. Es una personificación del Sol, que recorre las siete regiones del universo con sólo tres pasos. Sólo después ganó una importancia mayor, hasta convertirse, junto con Brahma y Shiva, en miembro de la tríada hindú (Trimurti).

Vyana: véase *Vayu*.

Yajur Veda: uno de los cuatro libros sagrados de los hindúes, dedicado a las fórmulas sacrificiales y conservado y transmitido exclusivamente por la clase sacerdotal de los brahmanes.

Yantra: diagrama místico, al que se le atribuyen poderes mágicos y ocultos. Se trata realmente de un gráfico, compuesto por formas geométricas, apto para estimular el proceso de visualización interior. Cuando la estructura básica es circular, el *yantra* recibe el nombre de *mandala*.

Yoga: literalmente, «enlazar», «uncir», en el sentido de unión de la mente y el cuerpo en un ser único e indisoluble, capaz de operar en los niveles más profundos del inconsciente, más allá del tiempo, del pensamiento y del lenguaje, y de liberar corrientes energéticas que de otro modo quedarían bloqueadas. Conocido alrededor del 1500 a. de C., mucho antes de la llegada de los arios a la India, presenta puntos de contacto con las técnicas chamánicas arcaicas. Sus métodos e implicaciones son muy distintos, y se basan en el número siete, como los planetas, los colores, las notas musicales y los siete chakras mayores: Hatha Yoga, que se centra en el control del cuerpo y de las energías vitales; Mantra Yoga, que persigue la reintegración mediante la repetición de sonidos y fórmulas *(mantra)* y la visualización de esquemas geométricos *(yantra)*; Laya Yoga que conduce a la identificación con el objeto contemplado (el Todo), a través de la escucha del sonido interior; Bhakti Yoga, basado en el amor y la devoción fiel; Jnana Yoga, o yoga del conocimiento, visto como instrumento de unificación y reintegración con el cosmos; Karma Yoga, que se beneficia de la acción desinteresada y de la estricta observancia del rito y los deberes religiosos; y, por último, Raja Yoga, que sintetiza y unifica todas las demás vías.

Yoni: órgano genital femenino; asociado con el lingam, simboliza la energía procreadora divina. Cuando aparece solo, tiene la forma de recipiente para el agua, de concha o bien de triángulo invertido hacia el agua.